高等学校电子信息类系列教材

模拟电子技术实验及综合设计

谭爱国　沈易　顾秋洁　杨一波　编著

U0379161

西安电子科技大学出版社

内 容 提 要

本书是根据高等院校理工科模拟电子技术实验教学要求编写的。全书分为三个部分，内容包括模拟电子技术基础实验、模拟电子技术设计与综合实验以及模拟电子技术计算机仿真实验。附录中介绍了常用仪器仪表的使用。

本书将实践技能的训练与理论知识相融合，同时配合计算机仿真实验，对学生的实践技能进行渐进式的培养，多方位地提高学生的实践能力。

本书可作为高等院校电气、电子信息、计算机、医疗器械和机电一体化等专业的实验教材，也可作为课程设计、电子设计竞赛和开放性实验的实践教材，同时可供从事电子工程设计和研制工作的技术人员参考。

图书在版编目(CIP)数据

模拟电子技术实验及综合设计/谭爱国等编著.

—西安：西安电子科技大学出版社，2013.2(2023.9 重印)

ISBN 978 - 7 - 5606 - 3008 - 3

Ⅰ. ① 模… Ⅱ. ① 谭… Ⅲ. ① 模拟电路—电子技术—实验—高等学校—教材

Ⅳ. ① TN710 - 33

中国版本图书馆 CIP 数据核字(2013)第 023856 号

策　　划　毛红兵

责任编辑　阎彬　毛红兵

出版发行　西安电子科技大学出版社(西安市太白南路 2 号)

电　　话　(029)88202421　88201467　　邮　　编　710071

网　　址　www.xduph.com　　　　　　电子邮箱　xdupfxb001@163.com

经　　销　新华书店

印刷单位　广东虎彩云印刷有限公司

版　　次　2013 年 2 月第 1 版　2023 年 9 月第 4 次印刷

开　　本　787 毫米×960 毫米　1/16　印张 7.5

字　　数　150 千字

印　　数　6501～7000 册

定　　价　19.00 元

ISBN 978 - 7 - 5606 - 3008 - 3/TN

XDUP 3300001 - 4

前　　言

　　模拟电子技术是高等院校电类专业本科教学中的一门重要的、实践性很强的专业基础课，本书是为该课程的实践课编写的教材，旨在通过实践环节的锻炼，巩固和加深学生对所学理论知识的理解，加强对学生的基本技能的训练，培养学生的实际动手能力、工程设计能力以及应用创新能力。

　　书中介绍了实验原理、基本实验操作和测试方法、计算机仿真软件与仿真实验的开发，拓展了综合与设计性实验内容。通过将实践技能的训练与理论知识相融合，同时配合计算机仿真实验，本书力图对学生的实践技能进行多层次的培养，充分提高学生系统开发的综合实践能力。

　　本书由上海理工大学电工电子实验中心的谭爱国编写了第1章的第1节到第3节、第2章的第6节到第8节、第3章的第1节以及附录；沈易编写了第1章的第4节到第9节；顾秋洁编写了第1章的第10节到第12节、第2章的第1节到第5节；杨一波编写了第3章的第2节到第11节。谭爱国负责全书的统稿工作。

　　感谢上海理工大学沈龙妹、陈静媚两位老师为本书出版所做的前期工作，感谢上海理工大学电工电子实验中心全体教师在本书编写过程中所给予的支持，也感谢在编写过程中给予帮助的其他老师和同行。在编写的过程中我们参考了许多资料，在此向这些资料的作者致谢。

　　本书可作为高等院校电气、电子信息、计算机、医疗器械和机电一体化等专业的实验教材，也可作为课程设计、电子设计竞赛和开放性实验的实践教材，同时可供从事电子工程设计和研制工作的技术人员参考。

　　由于编者水平有限，书中难免存在不妥之处，恳请使用本书的读者提出批评与改进意见。

编者

2012.10

目　　录

第1章　模拟电子技术基础实验 ……………………………………………………… 1

1.1　常用电子仪器的使用 …………………………………………………………… 1

1.2　单管放大电路的研究 …………………………………………………………… 3

1.3　单管放大电路的负载线及其最大不失真输出的研究 ………………………… 8

1.4　负反馈放大器 ………………………………………………………………… 11

1.5　电压并联负反馈放大器基本特性研究 ……………………………………… 14

1.6　差动放大电路性能测试的研究 ……………………………………………… 17

1.7　差动放大电路共模输入电压范围的研究 …………………………………… 21

1.8　运算放大器的基本运算 ……………………………………………………… 24

1.9　积分器与三角波发生器特性研究 …………………………………………… 27

1.10　正弦波发生器的设计 ………………………………………………………… 29

1.11　低频功率放大器的设计 ……………………………………………………… 32

1.12　集成功放的性能测试 ………………………………………………………… 36

第2章　模拟电子技术设计与综合实验 ………………………………………… 38

2.1　二阶低通有源滤波器的设计 ………………………………………………… 38

2.2　矩形波发生器的设计 ………………………………………………………… 40

2.3　施密特电路的设计 …………………………………………………………… 42

2.4　电压放大指示器的设计 ……………………………………………………… 45

2.5　直流稳压电源的设计 ………………………………………………………… 46

2.6　温度检测与控制电路设计 …………………………………………………… 51

2.7　频率/电压转换器 …………………………………………………………… 54

2.8　电流/电压转换电路 ………………………………………………………… 58

第3章　模拟电子技术软件仿真实验 …………………………………………… 60

3.1　OrCAD / PSpice　软件的基本操作 ………………………………………… 60

3.2　单管交流放大电路仿真 ……………………………………………………… 76

3.3　负反馈放大电路仿真 …………………………………………………………… 78

3.4　差动放大电路仿真 ……………………………………………………………… 79

3.5　积分电路仿真 …………………………………………………………………… 81

3.6　三角波发生器仿真 ……………………………………………………………… 84

3.7　*RC* 串并联电路的电压传输频率特性仿真 …………………………………… 85

3.8　正弦波发生器仿真 ……………………………………………………………… 87

3.9　方波发生器仿真 ………………………………………………………………… 88

3.10　二阶低通有源滤波器仿真 …………………………………………………… 91

3.11　功率放大电路仿真 …………………………………………………………… 92

附录 A　DG1022 型双通道函数/任意波形发生器的使用 ………………………… 96

附录 B　DS1000 系列双踪数字示波器的使用简介 ……………………………… 104

附录 C　YB2173F 双路智能数字交流毫伏表的使用 …………………………… 110

参考文献 ……………………………………………………………………………… 113

第1章 模拟电子技术基础实验

1.1 常用电子仪器的使用

1. 实验目的

（1）熟悉函数信号发生器、交流毫伏表、双踪示波器、直流稳压电源、万用表的基本性能。

（2）初步掌握上述仪器的基本使用方法。

2. 预习要求

（1）认真阅读附录中关于 DG1022 型双通道函数/任意波形发生器、YB2173F 双路智能数字交流毫伏表以及 DS1000 系列双踪数字示波器的使用说明。

（2）复习交流电压幅值、峰−峰值和有效值之间的关系。

3. 实验原理

（1）模拟电子技术实验系统组成。在模拟电子技术实验中，经常使用的电子仪器有示波器、函数信号发生器、直流稳压电源、交流毫伏表等，它们和万用表一起构成模拟电子技术实验系统，可以完成对模拟电路的静态和动态工作情况的测试，其系统组成如图 1−1−1 所示。直流稳压电源为实验电路提供直流工作电压；实验电路运算或处理的交流信号由信号发生器输出；示波器、交流毫伏表、万用表用于电路中参数的测量，其中万用表具备多种测试功能，示波器和交流毫伏表用于电压的测量。

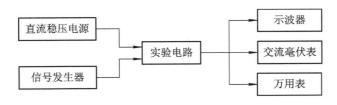

图 1−1−1 模拟电子技术实验系统组成

（2）电路连接。根据电路原理，将直流稳压电源、信号发生器、交流毫伏表和示波器连接成如图 1−1−2 所示的方式。

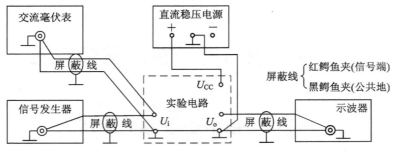

图 1-1-2 仪器互连原理图

4. 实验内容与步骤

（1）DG1022 型双通道函数/任意波形发生器的使用。熟悉信号发生器的波形选择、幅度和频率参数的调节方法。

（2）YB2173F 双路智能数字交流毫伏表的使用。熟悉用数字毫伏表测量电压参数的方法。

（3）DS1000 系列双踪数字示波器的使用。熟悉双踪数字示波器的垂直系统、水平系统、触发系统和波形自动显示的设置方法，能用示波器进行电压参数的测量。

（4）DG1022 型双通道函数/任意波形发生器、YB2173F 双路智能数字交流毫伏表和 DS1000 系列双踪数字示波器三种仪器的综合使用练习。按表 1-1-1 的要求，将信号发生器输出的信号送到交流毫伏表和示波器进行测量，对测量值进行误差分析。

表 1-1-1　信号发生器、交流毫伏表和示波器的综合使用

波　形	正弦波			说　明
幅度/mV	30	100	4000	信号源输出信号的幅度设置
直流偏置/V_{DC}	0			信号源输出信号的直流偏移设置
频率/kHz	0.5	2	20	信号源输出信号的频率设置
毫伏表的测量值/mV				用交流毫伏表测量
VOL/DIV（电压倍率）				波形在示波器 Y 轴方向每一大格的电压量
Y 轴格数				波形在 Y 轴方向所占的格数
U_{P-P}/mV（峰-峰值）				电压倍率与 Y 轴方向波形格数的乘积
U 有效值（计）/mV				根据峰-峰值计算的有效值：$$U = U_{P-P}/2\sqrt{2}$$

波　形	正弦波			说　明
电压误差/(%)				计算值与毫伏表读数之间的误差
SEC/DIV （时间倍率）				波形在示波器 X 轴方向每一大格的时间量
X 轴格数				一个完整波形在 X 轴方向所占的格数
T/s （周期）				时间倍率与 X 轴方向波形格数的乘积
f/Hz （频率）				根据周期算出来的频率
频率误差/(%)				计算值与信号源频率设置值之间的误差

（5）直流稳压电源的使用。

（6）万用表的使用，即用万用表分别测量直流电压、电流和电阻。

5．实验思考

（1）仪器互连时，将公共端连接在一起的目的是什么？

（2）YB2173F 双路智能数字交流毫伏表的共地和浮置测量功能的应用有何区别？

（3）DS1000 系列双踪数字示波器的触发设置对波形显示区的波形稳定性有何影响？

1.2　单管放大电路的研究

1．实验目的

（1）掌握模拟电路实验板的连接方法。

（2）学会设置和调整放大器的静态工作点并分析静态工作点对放大器性能的影响。

（3）掌握放大电路的放大倍数、输入电阻和输出电阻的测量方法。

（4）学会测量放大器的通频带。

2．预习要求

（1）复习单管放大电路的原理。

（2）思考：放大电路的输出波形会出现几种失真？出现的原因是什么？

3．实验原理

单管放大电路有共发射极、共集电极和共基极三种基本组态。分压式偏置共射极单管放大电路是一种应用最为广泛的放大电路，实验电路如图1-2-1所示。

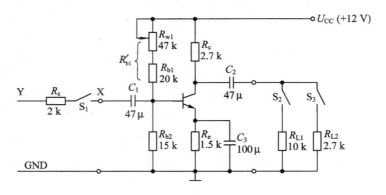

图1-2-1 分压式偏置共射极单管放大电路

1）静态工作点的设置

电路接成分压式偏置电路时，若流过偏置电阻 R'_{b1} 和 R_{b2} 的电流远大于晶体管的基极电流 I_B（约为 $5 \sim 10$ 倍的 I_B），则静态工作点可用下式估算：

$$U_{BQ} = \frac{R_{b2}}{R'_{b1} + R_{b2}} U_{CC}$$

$$I_{CQ} \approx I_{EQ} = \frac{U_{BQ} - U_{BE}}{R_e}$$

$$U_{CEQ} = U_{CC} - (R_c + R_e) I_{CQ}$$

静态工作点的设置是否合理，对放大器的性能影响很大。为了使放大器有最大不失真输出电压，静态工作点 Q 应该设置在交流负载线的中间。当静态工作点 Q 选择很高，接近饱和区（如图1-2-2所示的 Q_1 点时），若输入电压信号较大，会使输出信号电压产生饱和失真，为了确保输出信号电压不失真，只能减小输入信号，从而导致输出电压很小。当静态工作点选择很低，接近截止区（如图1-2-2所示的 Q_2 点所示）时，若输入电压信号较大，会使输出信号电压产生截止失真，为了确保输出信号电压不失真，只能减小输入信号，从而导致输出电压很小。

2）放大电路的主要技术指标

（1）电压放大倍数 A_v。其计算公式为

$$A_v = \frac{U_o}{U_i} = -\frac{\beta R'_L}{r_{be}}$$

式中：$R'_L = R_c /\!/ R_L$；$r_{be} = 200 + (1+\beta) \dfrac{26(\text{mV})}{I_{EQ}(\text{mA})}$。

电压放大倍数 A_v 的测量是在输出波形不失真的条件下进行的，若波形失真，应减小输入电压的数值。

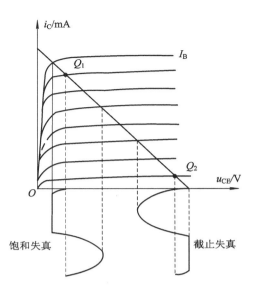

图 1-2-2　静态工作点不合适引起的输出波形失真

（2）输入电阻 R_i。其计算公式为

$$R_i = R'_{b1} \mathbin{/\!/} R_{b2} \mathbin{/\!/} r_{be}$$

输入电阻 R_i 的大小反映放大电路从信号发生器吸取电流的大小，输入电阻越大，则放大电路从信号发生器吸取的电流就越小。输入电阻 R_i 的测量可以采用串联采样电阻法，测量电路如图 1-2-3 所示。在信号发生器和放大电路之间串联一个已知电阻 R_s，调节信号发生器的输出幅度，使放大电路输出不失真，此时测出信号发生器的电压 U_s 和放大电路的输入电压 U_i，则有

$$R_i = \frac{U_i}{U_s - U_i} R_s$$

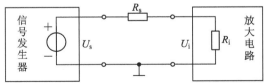

图 1-2-3　测量输入电阻原理图

（3）输出电阻 R_o。其计算公式为

$$R_o = R_c$$

放大电路输出电阻的大小反映了放大电路带负载的能力，输出电阻越小，带负载能力

就越强。放大电路输出电阻的测量方法如图 1-2-4 所示。在放大电路输入端加入一输入信号 U_i，在输出波形不失真的条件下，分别测量出不带负载和带负载情况下的输出电压 U_o 和 U_{oL}，则有

$$R_o = \frac{U_o - U_{oL}}{U_{oL}} R_L$$

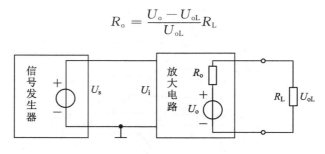

图 1-2-4　测量输出电阻原理图

（4）频率响应。放大电路的幅频特性如图 1-2-5 所示。随着信号频率 f 的增大或减小，放大电路的电压放大倍数 A_v 比中频电压放大倍数 A_{vm} 会减小，通常称放大倍数减小到中频放大倍数的 0.707 倍时，所对应的信号频率为上限频率 f_H 和下限频率 f_L。放大电路的带宽 $f_{BW} = f_H - f_L$。

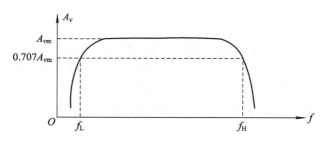

图 1-2-5　放大电路的频率特性

4. 实验内容与步骤

1）静态工作点的调试和测试

实验电路图如图 1-2-1 所示。

（1）电路的连接。在实验装置上按实验电路图进行线路连接。

（2）将直流稳压电源的输出幅度调节到 12 V，关闭电源，将电源接入电路中，检查电路连接无误后，打开电源。

（3）静态工作点的调试。有两种方法：

方法一：在无交流输入信号的情况下，调节 R_{w1}，使 U_B 达到 3.5 V 左右，即可认为工作点已调好，然后用直流电压表和直流电流表分别测量静态工作点的各个参数，填入表 1-2-1 中。（注：$I_C = U_{R_c}/R_c$）。

表 1-2-1　单管放大电路静态工作点的测试值

测试条件	测试值				计算值($\beta=60$)			
	U_B/V	U_E/V	U_C/V	I_C/mA	U_{BE}/V	U_{CE}/V	I_C/mA	r_{be}/Ω
$U_B=3.5$ V								

方法二：在输入端 X 点加 $f=1\ kHz$ 的正弦交流信号，反复调节信号源电压和 R_{w1} 电位器，当输出波形 U_o 出现失真，且饱和失真和截止失真同时对称出现时，即可认为工作点已调好。

2）放大电路的增益测试

在电路输出端接入不同负载 R_L（负载条件如表 1-2-2 所示），对放大电路的电压放大倍数进行测试。实验方法如下：

在输入端 X 点加 $f=1\ kHz$ 的正弦交流信号，用示波器观察输出波形 U_o，调节信号发生器的输出幅度，使输出波形 U_o 达到不失真。用交流毫伏表测出 U_o 和 U_i 的电压值，即可求得：$A_v=U_o/U_i$。将测试数据填入表 1-2-2 中。

表 1-2-2　放大电路的增益测试

测试条件			测试数据		由测试值计算	理论计算($\beta=60$)
U_o 不失真	R_c/Ω	R_L/Ω	U_i/mV	U_o/V	A_v	$A_v=-\beta R_L'/r_{be}$
	2.7 k	∞		$U_o=$		
	2.7 k	10 k		$U_o'=$		
	2.7 k	2.7 k		$U_o''=$		

3）输入电阻 R_i 的测试

输入信号从 Y 点输入，利用输入端电阻 R_s，求取输入信号电流，测出 R_s 前后的信号 U_s 和 U_i（注意必须使输出波形在不失真的情况下才能测量），填入表 1-2-3 中，根据公式计算出输入电阻 R_i。

表 1-2-3　输入电阻(R_i)的测试值

测试条件	测试值/mV		由测试值计算	理论计算值
U_o 不失真	U_s	U_i	$R_i=\dfrac{U_i}{U_s-U_i}R_s$	R_i

4）输出电阻 R_o 的测试

在输入信号相同的条件下，分别测出 $R_L=\infty$ 时的 U_o 和 $R_L=2.7\ k\Omega$ 时的 U_o''（注意必须使输出波形在不失真的情况下才能测量），填入表 1-2-4 中，然后根据公式计算出 R_o。

表 1-2-4 输出电阻(R_o)的测试值

测试条件	测试值/V		由测试值计算	理论计算值
U_o 不失真	U_o	U_o''	$R_o = \dfrac{U_o - U_o''}{U_o''} R_L$	R_o

5) 静态工作点对波形失真的影响

调节 R_{w1}，当 R_{w1} 增大时，使静态 I_C 变小，输出波形将产生截止失真；反之将产生饱和失真。分别在图 1-2-6 中记录各种状态下的波形。

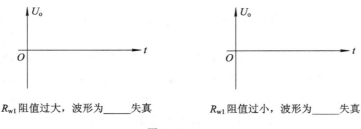

R_{w1} 阻值过大，波形为＿＿＿失真 R_{w1} 阻值过小，波形为＿＿＿失真

图 1-2-6

6) 频率特性的测试

固定输入电压 U_i 在某一数值，首先测出放大电路在中频时的输出电压 U_o。然后升高信号频率，直至输出电压降到 $0.707U_o$ 时为止，此时的频率即为 f_H；同样，降低信号频率，直至输出电压降到 $0.707U_o$ 时为止，此时的频率即为 f_L。放大电路的带宽 $f_{BW} = f_H - f_L$。

5. 实验思考

(1) 当电路的输出波形出现到失真时，电路该怎样调试？

(2) 对本实验表 1-2-2 来说，如果输入信号 U_i 加大 50 mV，输出信号的波形将产生什么失真？

(3) 负载电阻变化对放大电路的增益和静态工作点有无影响？

1.3 单管放大电路的负载线及其最大不失真输出的研究

1. 实验目的

(1) 了解单管放大电路的直流负载线与交流负载线的含义。

(2) 学会测绘单管放大电路的直流负载线与交流负载线的实验方法。

(3) 掌握单管放大器最大不失真输出电压的测试方法。

2. 预习要求

(1) 了解直流负载线和交流负载线的测绘方法。

（2）思考如何调整电路参数，使单管放大电路获得最大不失真输出电压。

3. 实验原理

共射极单管放大电路的实验电路图如图 1-3-1 所示。

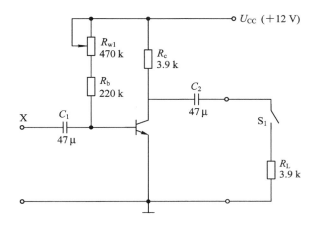

图 1-3-1　共射极单管放大电路

1）直流负载线和交流负载线

共射极单管放大电路直流通路的输出回路如图 1-3-2 所示。在图中，电压和电流的关系为

$$U_{CC} = I_C R_c + U_{CE} \quad \text{或} \quad I_C = \frac{U_{CC}}{R_c} - \frac{U_{CE}}{R_c}$$

在 i_C-u_{CE} 坐标系中，电压与电流的关系曲线是一条斜率为 $-1/R_c$ 的直线，如图 1-3-3 所示，该直线称为放大电路的直流负载线。

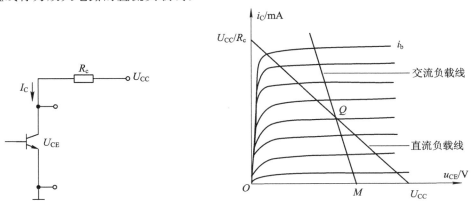

图 1-3-2　共射极单管放大电路直流输出回路　图 1-3-3　共射极单管放大电路交、直流负载线

共射极单管放大电路交流通路的输出回路如图 1-3-4 所示。在图中,电压和电流的关系为

$$i_c = -\frac{u_o}{R_c /\!/ R_L} = -\frac{u_{ce}}{R_c /\!/ R_L} = -\frac{u_{ce}}{R_L'}$$

式中,R_L' 叫做放大电路的"等效交流负载电阻"。在 i_C-u_{CE} 坐标系中,电压与电流的关系曲线是一条通过静态工作点 Q、斜率为 $-1/R_L'$ 的直线,如图 1-3-3 所示,该直线称为放大电路的交流负载线。

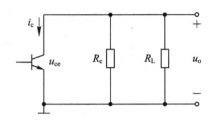

图 1-3-4 共射极单管放大电路交流输出回路

2)最大不失真输出

为了得到最大动态范围,应将静态工作点调到交流负载线的中点。为此,在放大器正常工作的情况下,逐步增大输入信号的幅度,并同时调节 R_{w1}(改变静态工作点),用示波器观察输出波形,当输出波形同时出现截止失真和饱和失真时,说明静态工作点已调在交流负载线的中点。然后反复调整输入信号,使波形输出幅度最大,且无明显失真,此时可以测出放大电路最大不失真输出 U_o。

4. 实验内容与步骤

1)直流负载线的测绘

在图 1-3-1 所示电路中,令 $U_i=0$,调节 R_{w1} 使电路的静态集电极电流在 0.8 mA ～ 3 mA 之间变化,分别测量不同电流下的 U_{CE} 值(填入表 1-3-1 中),将所测得的点连接起来,即为电路的直流负载线。

表 1-3-1 直流负载线的测试

I_C/mA	0.8	1	1.5	2	2.5	2.8	3
U_{CE}/V							

2)交流负载线的测绘

调节 R_{w1} 使电路的静态工作点置于 $I_C=1.5$ mA($U_{CE} \approx 6$ V)的状态下,接入 U_i($f=1$ kHz),其数值由小增大,同时用示波器观察放大器输出电压 U_o 的波形。对照图 1-3-3,可见随着 U_i 的增大,输出电压的正半周首先出现失真,测出此时的 U_o(临界值)。则图中

M 点的近似坐标电压值 U_M 为

$$U_M \approx U_{CE} + \sqrt{2}U_。$$

连接 M 与 Q 点，延伸此线即为电路的交流负载线。

3）合适的工作点选择对最大不失真输出电压的影响

通过分析可知，在现有情况下，如果改变静态工作点（将 I_C 值提高），可在一定程度上提高最大不失真输出电压。试分析一下针对本电路的参数，I_C 应调至何值，才能最大限度地提高电路的最大不失真输出，并用实验证实。

5．实验思考

（1）将测试结果与理论分析作比较，说明测绘直流负载线与交流负载线的依据。

（2）分析在已知 U_{CC}、R_C、R_L 的情况下，为提高电路的最大不失真输出电压，应如何选择电路的静态工作点。

1.4　负反馈放大器

1．实验目的

（1）通过实验，加深理解负反馈对放大器性能的改善。

（2）熟练掌握放大器的静态工作点、放大倍数、输入电阻、输出电阻等性能指标的测量方法。

2．预习要求

（1）复习电压串联负反馈电路的原理及电路的计算方法。

（2）掌握放大电路的一般调试方法和测试手段。

（3）复习负反馈对放大器性能改善的原理和定量分析。

3．实验原理

在放大电路中，将输出信号通过反馈电阻送回到输入端，并参与放大器的控制过程的称为反馈电路。反馈信号是电流信号的称为电流反馈，反馈信号是电压信号的称为电压反馈。若 $|1+\dot{A}_v\dot{F}_v|>1$，则 $|\dot{A}_{vF}|<|\dot{A}_v|$，即引入反馈后，增益减小了，这种反馈一般称为负反馈。电流反馈将使输出电流保持稳定，因而增大了输出电阻；而电压反馈将使输出电压保持稳定，其效果是减小了输出电阻。

在本实验中，我们研究电压串联负反馈放大电路，电路图如图 1-4-1 所示。负反馈的引入使放大器的放大倍数降低了，但在很多方面改善了放大器的动态指标，如稳定放大倍数、提高输入电阻、降低输出电阻，减小非线性失真和展宽通频带等。电路的主要性能指标计算如下：

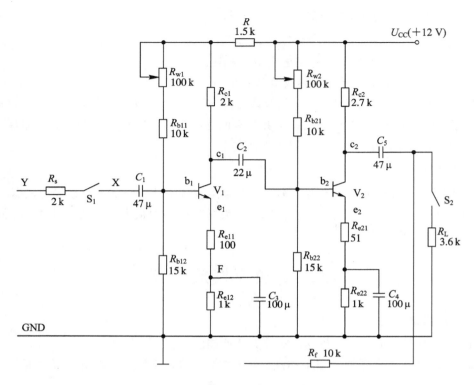

图 1-4-1 电压串联负反馈放大电路

（1）闭环电压放大倍数 A_{vF}（A_v 为基本放大器增益）：

$$A_{vF} = \frac{A_v}{1 + A_v F_v}$$

（2）反馈系数

$$F_v = \frac{R_{e11}}{R_f + R_{e11}}$$

（3）输入电阻

$$R_{iF} = (1 + A_v F_v)R_i$$

（4）输出电阻

$$R_{oF} = \frac{R_o}{1 + A_v F_v}$$

4. 实验内容与步骤

（1）按图 1-4-1 所示的电路图进行线路接线。

（2）静态工作点的调试和测试。将电路接成开环状态，即反馈电阻 R_f 接地，负载开路，在输入端 X 点加 1 kHz 正弦波信号，同时反复调节 R_{w1}、R_{w2} 和信号源电压 U_i，当输出

波形 U_o。同时对称出现饱和失真和截止失真时，即可认为静态工作点已调好（此时可用直流电压表测量一下 U_{CE1} 和 U_{CE2} 是否为 $4\,V\sim5\,V$，若不在此范围可适当调节 R_{w1} 和 R_{w2}，使 U_{CE1} 和 U_{CE2} 为 $4\,V\sim5\,V$）。然后用直流电压表分别测量静态工作点的各个参数，填入表 $1-4-1$。

表 1 - 4 - 1　静态工作点的测试

测试条件	测　试　值					
U_{CE1} 和 U_{CE2} 为 $4\,V\sim5\,V$	U_{C1}	U_{B1}	U_{E1}	U_{C2}	U_{B2}	U_{E2}

（3）研究负反馈对放大器放大倍数稳定性的影响。在 X 点加 $1\,kHz$ 正弦波信号，并要求输出波形不失真，然后在开环（R_f 接地）和闭环（R_f 接 e_1）的状态下，分别测量带负载和不带负载两种情况下的 U_i 和 U_o，再分别计算电压放大倍数，分析电压稳定性。将测量和计算数据填入表 $1-4-2$。

表 1 - 4 - 2　电压放大倍数、稳定性的测试与计算

测试条件		测　试　值		计　算　值	
		U_i/V	U_o/V	放大倍数	比　值
开环	$R_L=\infty$		$U_o=$	$A_v=$	$dA_v/A_v=$
	$R_L=3.6\,k\Omega$		$U_o'=$	$A_v'=$	
闭环	$R_L=\infty$		$U_{oF}=$	$A_{vF}=$	$dA_{vF}/A_{vF}=$
	$R_L=3.6\,k\Omega$		$U_{oF}'=$	$A_{vF}'=$	

（4）研究电压串联负反馈对输入、输出阻抗的影响。

① 输入电阻的测试。输入信号从 Y 点输入，利用输入端电阻 R_s，求取输入阻抗 R_i，测出 R_s 前后的信号 U_s 和 U_i（但也必须使输出波形在不失真的情况下才能测量），填入表 $1-4-3$。可根据下式计算出输入电阻：

表 1 - 4 - 3　输入电阻的测试与计算

测试条件	测　试　值		计　算　值
	U_s/mV	U_i/mV	输　入　电　阻
开环			$R_i=$
闭环			$R_{iF}=$

开环：

$$R_i = \frac{U_i}{U_s - U_i} \times R_s$$

闭环：

$$R_{iF} = (1 + A_v F_v) R_i$$

② 输出电阻的测试。输入信号从 X 点输入，把电路接成开环状态或闭环状态，分别测出不带负载时的输出电压(U_o)和带负载时的输出电压(U_o')，填入表 1 - 4 - 4。可根据下式计算出输出电阻：

开环：

$$R_o = \frac{U_o - U_o'}{U_o'} \times R_L$$

闭环：

$$R_{oF} = \frac{R_o}{1 + A_v F_v}$$

表 1 - 4 - 4　输出电阻的测试与计算

测试条件	测　试　值		计　算　值
	$U_o(R_L = \infty)$	$U_o'(R_L = 3.6 \text{ k}\Omega)$	输　出　电　阻
开环			$R_o =$
闭环			$R_{oF} =$

（5）观察负反馈对放大器非线性失真改善的情况。在电路开环情况下，加大输入信号，使 U_o 失真，然后在相同的信号作用下，将电路接成闭环的，观察输出波形改善的情况，并将波形记录下来。

（6）频率特性的改善。把电路接成开环状态或闭环状态，分别测出它们的上限频率(f_H)和下限频率(f_L)，并进行比较。

5. 实验思考

（1）通过实验数据，分析电压负反馈放大电路对放大器性能指标(如放大倍数、输入电阻、输出电阻、非线性失真等)的改善情况。

（2）电压负反馈放大电路性能指标的改善是通过降低了什么指标获取的？

1.5　电压并联负反馈放大器基本特性研究

1. 实验目的

（1）了解电压并联负反馈放大器的组成。

（2）分析并用实验方法证实这种深度负反馈放大器的闭环增益、闭环输入/输出电阻与其开环增益、开环输入/输出电阻以及负反馈系数间存在的对应关系。

2. 预习要求

（1）熟悉电压并联负反馈放大器的组成。

（2）了解深度负反馈放大器闭环增益、闭环输入/输出电阻与其开环增益、开环输入/输出电阻以及反馈系数间存在的对应关系。

（3）从器件手册上查阅所用集成放大器的电压增益、输入电阻、输出电阻，在此基础上结合实验电路的结构及电路参数计算出此反馈结构中基本放大器的有关参数 A_{vo}、R_{io} 与 R_{oo}。

（4）应用反馈放大器的理论，计算出电路的闭环增益及闭环输入/输出电阻 A_{vF}、R_{iF} 与 R_{oF}。

3. 实验原理

电压并联负反馈电路常用于输入为高内阻的电流源信号，而要求输出为低内阻的电压信号的场合，常称之为电流-电压变换器，它的增益的量纲为 V/A，即为 Ω，故称为互阻放大电路。图 1-5-1 为一典型的电压并联负反馈放大器，图中所用的集成运算放大器，可用图 1-5-2 所示的电路来等效。在图 1-5-2 中，R_i 表示此集成运算放大器的输入电阻，A_v 为电压增益，即 $A_v = U_o/U_{id}$，R_o 为输出电阻，此三个数据均可在器件手册上找到。现将图 1-5-2 所示的等效电路取代图 1-5-1 中的集成运算放大器，并根据反馈理论绘出整个电路的开环放大器部分，再计算出相应开环放大器的增益 A_{vo}、开环输入电阻 R_{io} 以及开环输出电阻 R_{oo}，最后在上述分析的基础上，计算出电路的闭环参数 A_{vF}、R_{iF} 和 R_{oF}。

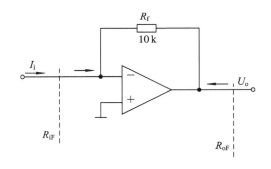

图 1-5-1 电压并联负反馈放大电路　　　图 1-5-2 集成运算放大器等效电路

4. 实验内容与步骤

（1）闭环增益测量。按图 1-5-3 接线，此放大器的闭环增益可表示为 $A_{vF} = U_o/I_i$，现设 I_i 以 0.1 mA 为间隔，从 0 调至 1 mA，测出电路对应的 10 个输出电压 U_o（将数据填入表 1-5-1 中），即可获得此放大器的输入输出特性，从中可计算得 A_{vF} 值。

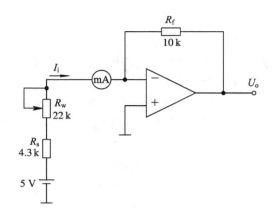

图 1-5-3 闭环增益测量电路

表 1-5-1 闭环增益测试

I_i/mA	0.1	0.2	0.3	0.4	0.5	0.6	0.7	0.8	0.9	1.0
U_o/V										

（2）闭环输入电阻的测量。按图 1-5-4 接线，选择合适的 R_w，测出当 R_w 断开与接入时不同的输出电压 U_o 与 U_o'（建议 R_w 选 53 Ω，用四位半数字电压表测试），则可计算出

$$R_{iF} = \frac{U_o - U_o'}{U_o'} \times R_w$$

（3）闭环输出电阻的测量。按图 1-5-5 接线，选择合适的 R_L（建议 R_L 选 560 Ω，用四位半数字电压表测试），测出当 R_L 断开与接入时不同的输出电压 U_o 与 U_o' 值，则可计算出

$$R_{oF} = \frac{U_o - U_o'}{U_o'} \times R_L$$

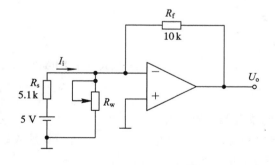

图 1-5-4 闭环输入电阻测量电路

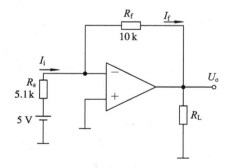

图 1-5-5 闭环输出电阻测量电路

5. 实验思考

（1）比较电压并联负反馈放大器闭环增益、闭环输入输出电阻与其开环增益、开环输入输出电阻之间的关系，分析其电性能。

（2）简述本实验用来测量此电压并联负反馈放大器的增益 A_{oF}、输入电阻 R_{iF} 以及输出电阻 R_{oF} 的依据，并附上实际测量结果。

1.6　差动放大电路性能测试的研究

1. 实验目的

（1）加深理解差动放大电路的特点，掌握差动放大器在不同输入信号（差模信号和共模信号）作用下的各性能指标的测试。

（2）熟悉基本差动放大电路与具有恒流源的差动放大电路的性能差别。加深对差动放大器有关特性的理解。

（3）了解差动放大器的抗共模信号的能力。

2. 预习要求

（1）复习差动放大电路的原理。

（2）搞清差动放大电路的调试进程和测量方法。

3. 实验原理

差动放大电路是由两个元件参数相同的基本共射放大电路组成的，如图 1-6-1 所示。

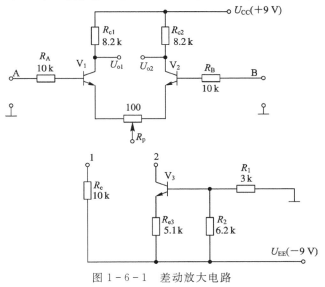

图 1-6-1　差动放大电路

当 $R_e = 10\ \text{k}\Omega$ 时，构成基本的差动放大电路。调零电位器 R_p 用来调节 V_1、V_2 管的静态工作点，使得输入信号 $U_i = 0$ 时，双端输出电压 $U_{o1} - U_{o2} = 0$。R_e 为两管共用的发射极电阻，它对差模信号无负反馈作用，因而不影响差模电压放大倍数，但对共模信号有较强的负反馈作用，故可以有效地抑制零漂，稳定静态工作点。

当 R_p 与 V_3 相连时，构成具有恒流源的差动放大器。用晶体管恒流源代替发射极电阻 R_e，可以进一步提高差动放大器抑制共模信号的能力。当 V_3 管的输出特性为理想特性时，恒流源（$I_c = \beta I_b$）内阻为无穷大，即相当于 V_1、V_2 两管的发射极接了一个无穷大的电阻。带恒流源的差分电路对差模信号的放大与基本的差分电路相当，但对于共模输入信号的抑制能力强于基本的差分电路。

（1）静态工作点的估算。对于基本差动放大电路有

$$I_{EQ} \approx \frac{|\,U_{EE}\,| - |\,U_{BE}\,|}{R_e}(U_{B1} = U_{B2} \approx 0)$$

$$I_{CQ1} = I_{CQ2} = \frac{I_{EQ}}{2}$$

$$U_{CEQ1} = U_{CEQ2} = (U_{CC} - U_{EE}) - I_{CQ}R_c - I_{EQ}R_e$$

（2）差模电压放大倍数和共模电压放大倍数。对于单端输出电路有

$$A_d = -\frac{\beta \times R'_L}{2 \times [R_s + r_{be} + (1+\beta)R_p/2]}$$

$$A_c \approx -\frac{R'_L}{2 \times R_e}$$

4. 实验内容与步骤

（1）基本差动放大电路的研究。把电路接成基本差动放大电路，即 R_p 接图 1-6-1 所示电路的 1 端。

① 静态工作点的测量。将 A、B 两端分别接地，调节 R_p，使 $U_{o1} - U_{o2} = 0$。用万用表测量 U_{CE1}、U_{CE2}、U_{R_c}，求出 I_c，填入表 1-6-1 中。

表 1-6-1　静态工作点的测量

测试条件	测试结果				理论计算			
	U_{CE1}	U_{CE2}	I_{C1}	I_{C2}	U_{CE1}	U_{CE2}	I_{C1}	I_{C2}
$R_e = 10\ \text{k}\Omega$	V	V	mA	mA	V	V	mA	mA

② 差模增益 A_{vd} 的测量。将 B 端接地，A 端加输入信号，调节信号源的输出电压，使 $U_i = 50$ mV($f = 1$ kHz)，同时用示波器观察 U_{o1}、U_{o2} 的输出波形(注意它们之间的相位关系)，在输出信号不失真的情况下，记录 U_{o1}、U_{o2} 的输出波形，用交流毫伏表测出 U_{o1}、U_{o2} 值，填入表 1-6-2 中，则计算电路的差模增益为

$$A_{vd} = U_{o1} / U_i \qquad 或 \qquad A_{vd} = U_{o2} / U_i$$

表 1-6-2　差模增益 A_{vd} 的测量

测试条件		测试结果(差模)			
		U_i / V	U_{o1} / V	A_{vd}	U_{o1}、U_{o2} 的波形
U_o 不失真	$R_e = 10$ kΩ				U_{o1}
					U_{o2}

③ 共模增益 A_{vc} 的测量。将 B 端与地断开，A 端与 B 端连接在一起加入输入信号，调节信号源使 $U_i = 1$ V，同时用示波器观察 U_{o1}、U_{o2} 的输出波形(注意它们之间的相位关系)，记录 U_{o1}、U_{o2} 的输出波形，用交流毫伏表测出 U_{o1}、U_{o2} 值，填入表 1-6-3 中，则电路的共模增益为

$$A_{vc} = U_{o1} / U_i \qquad 或 \qquad A_{vc} = U_{o2} / U_i$$

表 1-6-3　共模增益 A_{vc} 的测量

测试条件		测试结果(共模)			
		U_i / V	U_{o1} / V	A_{vc}	U_{o1}、U_{o2} 的波形
U_o 不失真	$R_e = 10$ kΩ				U_{o1}
					U_{o2}

(2) 有恒流源差动放大电路的研究。电路改接成具有恒流源结构的差动放大电路，即 R_p 接图 1-6-1 所示电路的 2 端。

① 静态工作点的测量。先不接 U_i，将 A、B 两端分别接地，用万用表测出 U_{CE1}、U_{CE2}、U_{CE3}、U_{RC1}、U_{RC2}，求出 I_{C1}、I_{C2}、I_{C3}，填入表 1-6-4 中。

表 1-6-4 静态工作点的测量(具有恒流源)

测试条件	测 试 结 果					
具有 恒流源	U_{CE1}/V	U_{CE2}/V	U_{CE3}/V	I_{C1}/mA	I_{C2}/mA	I_{C3}/mA
计算条件	计 算 结 果					
具有 恒流源	U_{CE1}/V	U_{CE2}/V	U_{CE3}/V	I_{C1}/mA	I_{C2}/mA	I_{C3}/mA

② 差模增益 A_{vd} 的测量。将 B 端接地,A 端加输入信号,调节信号源的输出电压,使 $U_i = 50\ mV (f = 1\ kHz)$,同时用示波器观察 U_{o1}、U_{o2} 的输出波形(注意两者之间的相位关系),在输出信号不失真的情况下,记录 U_{o1}、U_{o2} 的输出波形,用交流毫伏表测出 U_{o1}、U_{o2} 值,填入表 1-6-5 中,则电路的差模增益为

$$A_{vd} = U_{o1} / U_i \quad 或 \quad A_{vd} = U_{o2} / U_i$$

表 1-6-5 差模增益 A_{vd} 的测量(具有恒流源)

测试条件		测试结果(差模)			
		U_i/V	U_{o1}/V	A_{vd}	U_{o1}、U_{o2} 的波形
U_o 不失真	具有 恒流源				U_{o1}
					U_{o2}

③ 共模增益 A_{vc} 的测量。将 B 端与地断开,A 端与 B 端连接在一起加入输入信号,调节信号源使 $U_i = 1\ V$,同时用示波器观察 U_{o1}、U_{o2} 的输出波形(注意它们之间的相位关系),记录 U_{o1}、U_{o2} 的输出波形,用交流毫伏表测出 U_{o1}、U_{o2} 值,填入表 1-6-6 中,则电路的共模增益为

$$A_{vc} = U_{o1} / U_i \quad 或 \quad A_{vc} = U_{o2} / U_i$$

表 1-6-6 共模增益 A_{vc} 的测量(具有恒流源)

测试条件		测试结果(共模)			
		U_i/V	U_{o1}/V	A_{vc}	U_{o1}、U_{o2} 的波形
U_o 不失真	具有 恒流源				U_{o1}
					U_{o2}

5．实验思考

（1）对于基本差动放大电路，$U_{CE}=?\ I_C=?$

（2）测量差动放大电路的静态工作点时，为什么要把输入端 A、B 接地？

（3）总结差动放大电路的性能和特点。

1.7　差动放大电路共模输入电压范围的研究

1．实验目的

（1）掌握对差动放大电路共模输入电压范围测试的方法。

（2）通过对两种不同结构差动放大电路的共模输入电压范围的分析并与实际测量结果相比较，进一步加深对差动放大电路有关特性的理解。

2．预习要求

（1）熟悉射极耦合型差动放大电路和带射极恒流源的差动放大电路的电路结构。

（2）了解上述两种差动放大电路工作特性的异同点。

（3）搞清差动放大电路最大共模输入电压的含义。

（4）若取三极管的 $\beta=60$，试计算上述两种差动放大电路的共模输入电压范围。

3．实验原理

共模抑制比是衡量差分放大器抑制干扰或零点飘移能力的参数，用 K_{CMR} 表示。此值越大，表示抑制能力越强。实际的共模放大倍数 A_{vc} 不为零，K_{CMR} 为有限值，大小可以定义如下：

$$K_{CMR}=\frac{|A_{vd}|}{|A_{vc}|}$$

如果共模输入电压超过两输入端之间所能承受的最大共模输入电压 U_{ICM}，则集成运放的共模抑制性能就会明显下降，甚至造成器件的损坏。

4．实验内容与步骤

1）射极耦合型差动放大电路共模输入电压范围测试

（1）电路图如图 1-7-1 所示，先置 $U_{ic}=0$，测量此时电路的静态工作点 I_{C1}、U_{CE1}、I_{C2}、U_{CE2} 值。

（2）逐步增加 U_{ic} 值，当 $U_{ic}=+U_{ICM}$ 时，将开始出现 V_1、V_2 进入饱和的现象，此 $+U_{ICM}$ 即为该放大器的最大正向共模输入电压。将理论计算及测量结果填入表 1-7-1 中。

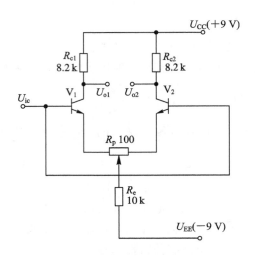

图 1-7-1 射极耦合型差动放大器

表 1-7-1 射极耦合型差动放大电路正向共模输入电压测试

U_{ic}/V	0	1	2	3	4	4.5
实测 U_{CE1}/V						
实测 U_{CE2}/V						
理论计算 U_{CE}/V						

（3）改 U_{ic} 为负值，并逐步从 0 减小此电压，当 $U_{ic}=-U_{ICM}$ 时，将使 V_1、V_2 进入截止状态，此 $-U_{ICM}$ 即为该放大器的最大负向共模输入电压。将理论计算及测量结果填入表 1-7-2 中。

表 1-7-2 射极耦合型差动放大电路负向共模输入电压测试

U_{ic}/V	-1	-2	-3	-4	-6	-8
实测 U_{CE1}/V						
实测 U_{CE2}/V						
理论计算 U_{CE}/V						

2）带射极恒流源的差动放大电路的共模输入电压范围测试

（1）电路图如图 1-7-2 所示，先置 $U_{ic}=0$，测量此时电路的静态工作点 I_{C1}、U_{CE1}、I_{C2}、U_{CE2}、I_{C3}、U_{CE3} 值。

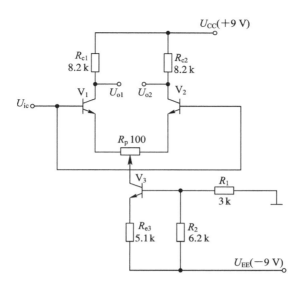

图 1-7-2 带射极恒流源的差动放大电路

（2）逐步增加 U_{ic} 值，当 $U_{ic} = +U_{ICM}$ 时，将开始出现 V_1、V_2 进入饱和的现象，此 $+U_{ICM}$ 即为该放大器的最大正向共模输入电压。将理论计算及测量结果填入表 1-7-3 中。

表 1-7-3　带射极恒流源的差动放大电路正向共模输入电压测试

U_{IC}/V	0	2	4	6	8	10
实测 U_{CE1}/V						
实测 U_{CE2}/V						
理论计算 U_{CE}/V						

（3）改 U_{ic} 为负值，并逐步从 0 减小此电压，当 $U_{ic} = -U_{ICM}$ 时，将使 V_3 进入饱和状态，此 $-U_{ICM}$ 即为该放大器的最大负向共模输入电压。将理论计算及测量结果填入表 1-7-4 中。

表 1-7-4　带射极恒流源的差动放大电路负向共模输入电压测试

U_{ic}/V	-1	-2	-4	-6	-8
实测 U_{CE1}/V					
实测 U_{CE2}/V					
理论计算 U_{CE}/V					

5. 实验思考

将实验中的测试数据(当共模输入信号 U_{ic} 取不同值时,实测 U_{CE1} 和 U_{CE2} 的值)和理论计算值进行比较,对实验结果进行分析说明。

1.8 运算放大器的基本运算

1. 实验目的

(1) 掌握使用运算放大器实现基本运算的原理。

(2) 熟悉运算放大器用作比例、加法和微分运算的基本电路和性能。

2. 预习要求

(1) 复习使用集成运算放大器实现基本运算的原理。

(2) 熟悉 741 型集成运放的结构、性能和管脚排列。

(3) 分别画出实现反相比例、加法和微分运算的电路原理图,并算出有关参数。

3. 实验原理

集成运算放大器是一种具有高电压放大倍数的直接耦合多级放大电路。将集成运算放大器接入由不同的线性或非线性元器件组成的输入和负反馈电路,可以灵活地实现各种特定的函数关系,如在线性应用方面,可组成比例、加法、减法、积分、微分、对数等模拟运算电路。

理想运算放大器的特性包括:

开环电压增益: $A_{vd} = \infty$;

输入阻抗: $R_i = \infty$;

输出阻抗: $R_o = 0$;

带宽: $f_{BW} = \infty$。

理想运算放大器在线性应用时的两个重要特性是:

(1) 输出电压 U_o 与输入电压之间满足关系式: $U_o = A_{ud}(U_+ - U_-)$,由于 $A_{ud} = \infty$,而 U_o 为有限值,因此, $U_+ - U_- \approx 0$,即 $U_+ \approx U_-$,称为"虚短"。

(2) 由于 $R_i = \infty$,故流进运算放大器两个输入端的电流可视为零,即 $I_{IB} = 0$,称为"虚断"。这个特性说明运算放大器对其前级的吸取电流极小。

4. 实验内容与步骤

1) 反相比例放大电路

(1) 设计并安装一个如图 1-8-1 所示的反相比例放大电路,使其满足下列关系式:

$$U_o = -3U_i$$

（2）在图1-8-1所示的电路中，电路的输入端加1 kHz的正弦信号，用示波器观察输出波形。当输出波形达到不失真时，用交流毫伏表分别测出U_o和U_i，填入表1-8-1中。

表1-8-1　反相比例放大器数据测试值（一）

输入电压 U_i/V	输出电压 U_o/V	放大倍数 A_v	误差率/%

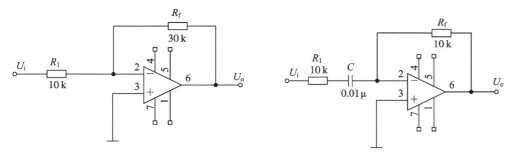

图1-8-1　反相比例放大电路　　　　　　　图1-8-2　微分电路

2）微分运算电路

设计并安装一个如图1-8-2所示的微分运算电路，在输入端加入±4 V，500 Hz的方波信号，在图1-8-3中记录电路的输入、输出波形。

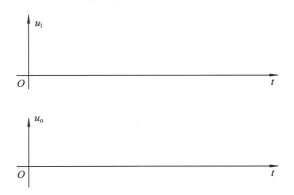

图1-8-3　电路的输入、输出波形

3）加法运算电路

设计并安装一个如图1-8-4所示的加法器，使其满足下列关系式：

$$U_o = -(3U_1 + 2U_2 + U_3)$$

将测试数据填入表1-8-2中。

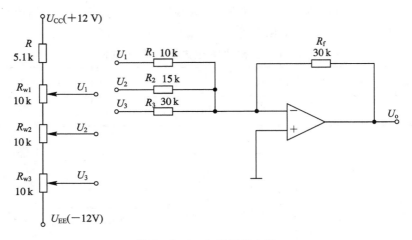

图 1-8-4 加法运算电路

表 1-8-2 加法运算电路的数据测试值

输入电压 U_i/V			输出电压 U_o/V		
U_1	U_2	U_3	测试值 U_o	理论计算值 $U_o = -(3U_1 + 2U_2 + U_3)$	误差率%

5. 实验思考

（1）在反相比例运算放大器中，输入端加入 $f = 1$ kHz，$U_i = 100$ mV 的正弦信号，用示波器观察输入和输出波形，在输出波形不失真的条件下，测量出电压 U_i、U_o，填入表 1-8-3 中，计算出放大倍数 A_v。当输入信号电压幅度保持不变时，将信号频率由 1 kHz 增加到 100 kHz，继续测量放大倍数 A_v（测量过程中注意保证输出波形不失真）。分析放大倍数与输入信号频率的关系。

表 1-8-3 反相比例放大器数据测试值（二）

信号频率 f	10 Hz	1 kHz	100 kHz	400 kHz
输入电压 U_i/V				
输出电压 U_o/V				
放大倍数 A_v				

（2）在微分运算电路中，完成以下任务：

① 在输入端加入频率为 500 Hz，幅度为 ±3 V，直流电平为 3 V 的方波信号。绘出输

入电压与输出电压波形，注意相位关系。

② 在输入端加入频率为 200 Hz 的三角波，绘出输入电压与输出电压的波形，注意相位关系。

1.9　积分器与三角波发生器特性研究

1. 实验目的

(1) 熟悉由集成运放构成的积分器的运算关系和应用。

(2) 了解三角波发生器的电路特性。

2. 预习要求

(1) 熟悉积分器和三角波发生器电路的工作原理。

(2) 分析积分器在不同参数下的输入、输出波形。

(3) 了解三角波发生器输出波形的频率、振幅与电路参数间的关系。

3. 实验原理

(1) 由集成运放构成的典型积分运算电路如图 1－9－1 所示，在深度负反馈的条件下，有

$$U_\circ = -\frac{1}{RC}\int_0^t U_i(t)\,\mathrm{d}t$$

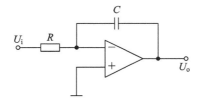

图 1－9－1　典型的积分电路

为减小集成运算放大器的直流飘移，在实际积分电路中 C 的两端并接电阻 R_f，但其值不宜太小，否则将影响线性积分关系，一般大于 20 kΩ。

(2) 三角波发生器由两部分组成，第一部分是同相输入的迟滞型电压比较器（注意带正反馈），第二部分是积分器。比较器的输出 U_{o1} 作为积分器的输入信号，而积分器的输出信号 U_{o2} 又反馈回去作为比较器的输入信号，它们共同构成闭合环路。该电路的振荡周期和 U_{o2} 分别为

$$T = \frac{(4R_4 R_1)C}{R_2}$$

$$U_{o2} = -\frac{R_1 U_{o1}}{R_2}$$

4. 实验内容与步骤

(1) 观察图 1-9-2 所示积分器的输出波形。

① 在图 1-9-2 所示的电路中，已知 U_i 为一个频率为 400 Hz、幅值为 ±4 V 的方波，观察在此情况下 U_o 的波形，并将 U_i 和 U_o 绘在图 1-9-3 上。

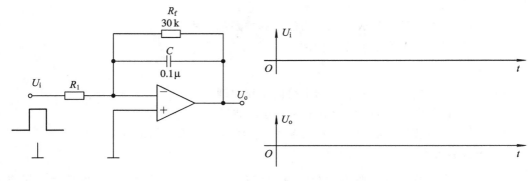

图 1-9-2 积分电路图

图 1-9-3 U_i 和 U_o 的波形

② 将输入、输出数据填入表 1-9-1 中。

表 1-9-1 积分器数据记录

R_1	U_i/V	U_o/V	T/ms
10 kΩ			

(2) 三角波发生器的特性研究。

① 分析图 1-9-4 所示电路的工作原理，推导在图示参数下此三角波的频率及振幅之表达式，并通过实验证实之。

② 按图 1-9-4 接线，用双踪示波器同时观察和记录 U_{o1} 和 U_{o2} 的波形，在图 1-9-5 中画出它们的波形，注意它们之间的相位关系。

③ 从示波器上读出 U_{o1} 和 U_{o2} 的最大值及周期 T，填入表 1-9-2 中。

表 1-9-2 三角波发生器数据记录

U_{o1}/V	U_{o2}/V	周期 T/ms	频率 f/Hz

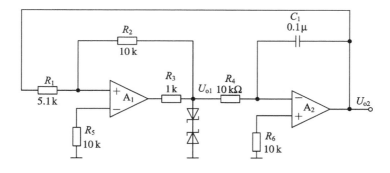

图 1-9-4　三角波发生器

图 1-9-5　U_{o1} 和 U_{o2} 的波形

5. 实验思考

（1）在图 1-9-2 所示的电路中，若 U_i 是一个频率为 400 Hz、幅值为 0 V～+6 V 的方波，则输出的波形有何不同？

（2）将图 1-9-4 电路做何改动，可以将电路输出变为锯齿波输出？

（3）在积分电路的 C 两端并联上 R_f 的作用是什么？

1.10　正弦波发生器的设计

1. 实验目的

（1）掌握测试 RC 串并联选频网络及幅频特性的方法。

（2）加深理解正弦波发生器电路起振条件和稳幅特性。

（3）学会正弦波发生器电路的设计和调试方法。

2. 预习要求

（1）复习 RC 正弦波发生器电路的组成及其振荡条件。

（2）根据实验要求设计出电路。

3. 实验原理

正弦波振荡电路是一个没有输入信号的带选频网络的正反馈放大电路。一个正弦波振荡电路只在一个频率（f_0）下满足相位平衡条件，要求环路中包含一个具有选频特性的网络，该网络简称选频网络。用 R、C 元件组成选频网络的振荡电路称为 RC 振荡电路，一般用来产生 1 Hz～1 MHz 范围内的低频信号；用 L、C 元件组成选频网络的振荡电路称为 LC 振荡电路，一般用来产生 1 MHz 以上的高频信号。

RC 正弦波振荡电路由 RC 串并联选频网络和同相比例运算电路组成，如图 1-10-1 所示。输出电压 u_o 经 RC 串并联电路分压后在 RC 并联电路上得出反馈电压 u_f，加在运算放大器的同相端，作为它的输入电压 u_i。反馈放大倍数为

$$F = \frac{\dot{U}_i}{\dot{U}_o} = \frac{\dfrac{-\mathrm{j}RX_C}{R-\mathrm{j}X_C}}{R-\mathrm{j}X_c+\dfrac{-\mathrm{j}RX_c}{R-\mathrm{j}X_c}} = \frac{1}{3+\mathrm{j}\left(\dfrac{R^2-X_C^2}{RX_C}\right)}$$

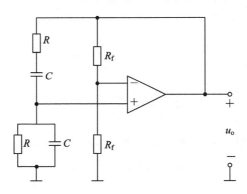

图 1-10-1　RC 正弦波振荡电路

要使 $\dot{U}_i$ 与 $\dot{U}_o$ 同相，则 $R=X_C=\dfrac{1}{2\pi fC}$，即 $f_0=\dfrac{1}{2\pi RC}$，这是电路的振荡频率。

此时 $|F|=\dfrac{\dot{U}_i}{\dot{U}_o}=\dfrac{1}{3}$，$|A_v|=1+\dfrac{R_f}{R_1}$。$u_o$ 和 u_i 都是正弦波电压。

起振时，应使 $|A_vF|>1$，即 $|A_v|>3$，随着振荡幅度的增加，$|A_v|$ 能自动减小。当 $|A_vF|=1$ 或 $|A_v|=3$ 时，振荡振幅达到稳定，以后可以自动稳幅。

4. 实验内容与步骤

1）RC 串并联选频网络幅频特性的测试

设计一个 RC 串并联选频网络（$f_0 = 159$ Hz），参考电路如图 $1-10-2$ 所示，测试该网络的幅频特性。

测试方法：按图 $1-10-2$ 电路接线。输入信号 u_i 为有效值等于 1 V 的正弦波信号，调节信号发生器的频率，观察输出信号 u_o，当 u_o 数值最大时所对应的频率即是振荡频率 f_0。在 f_0 两侧，按频率递增或递减一定间隔一次各采样 5 个频率测量点，测出相应输出 u_o 的电压值，填入表 $1-10-1$ 中。根据表格数据在图 $1-10-3$ 中绘制幅频特性曲线。

表 $1-10-1$ RC 串并联选频网络幅频特性的测试数据

f/Hz					$f_0 =$					
u_o/V										

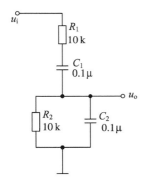

图 $1-10-2$ RC 串并联选频网络

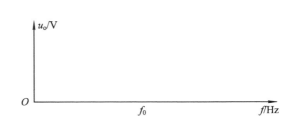

图 $1-10-3$ 幅频特性曲线

2）正弦波发生电路的调试与测量

设计一个正弦波发生电路，频率 f_0 约为 159 Hz，并且可调，同时电路具有自动稳幅功能。参考电路如图 $1-10-4$ 所示。对该电路进行调试和测量。

调试方法：按图 $1-10-4$ 电路接线。先将 R_p 调到最小，因为此时负反馈也最小，$|A_vF| > 1$，即 $|A_v| > 3$，用示波器可观察到非正弦波波形，然后再逐渐增加 R_p，使输出电压 u_o 从无到有，波形逐渐变为正弦波为止，即符合 $|A_vF| = 1$。测量输出波形最大不失真时的 u_o 和 u_{f+} 值，填入表 $1-10-2$ 中。如果再增大 R_p，则 $|A_vF| \ll 1$，使放大器工作到非线性区域，此时振荡电路停止振荡。

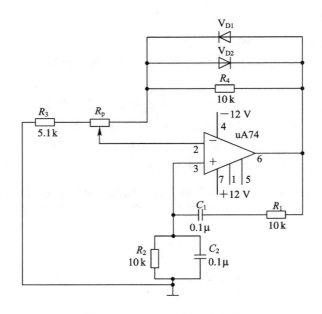

图 1-10-4　正弦波发生电路

表 1-10-2　正弦波发生器的测试数据

测试条件	测　量　值			输出波形
u_o 为最大 不失真	U_o/V	U_{f+}/V	T/ms	

5. 实验思考

(1) 整理实验数据, 测绘 RC 串并联选频网络的幅频特性曲线。

(2) 在 RC 串并联选频网络幅频特性的测试中, 频率测试点的分布怎样选取较合理?

(3) 若二极管 V_{D1} 和 V_{D2} 开路, 则对输出波形有何影响?

1.11　低频功率放大器的设计

1. 实验目的

(1) 理解互补功率放大器的基本构成和工作原理。

(2) 学会 OTL 电路的调试方法及主要性能指标的测试方法。

(3) 观察及分析电路中的交越失真现象。

2. 预习要求

复习 OTL 功率放大器的电路组成及工作原理。

3. 实验原理

图 1-11-1 所示为 OTL 低频功率放大器电路。其中，晶体三极管 V_1 组成推动级（也称前置放大级），V_2、V_3 是一对参数对称的 NPN 和 PNP 型晶体三极管，它们组成互补推挽 OTL 功放电路。由于每一个三极管都接成了射极输出器形式，因此具有输出电阻低、负载能力强等优点，适合作功率输出级。V_1 管工作于甲类状态，它的集电极电流 I_{C1} 由电位器 R_{w1} 进行调节。I_{C1} 的一部分流经电位器 R_{w2} 及二极管 V_D，给 V_2、V_3 提供偏压。调节 R_{w2}，可以使 V_2、V_3 得到合适的静态电流而工作于甲、乙类状态，以克服交越失真。静态时要求输出端中点 A 的电位 $U_A = \frac{1}{2}U_{CC}$，可以通过调节 R_{w1} 来实现，又由于 R_{w1} 的一端接在 A 点，因此在电路中引入交、直流电压并联负反馈，一方面能够稳定放大器的静态工作点，同时也改善了非线性失真。

当输入正弦交流信号 u_i 时，该信号经 V_1 放大、倒相后同时作用于 V_2、V_3 的基极，在 u_i 的负半周，V_2 管导通（V_3 管截止），有电流通过负载 R_L，同时向电容 C_3 充电；在 u_i 的正半周，V_3 导通（V_2 截止），则已充好电的电容器 C_3 起电源的作用，通过负载 R_L 放电，这样在 R_L 上就得到完整的正弦波。

C_2 和 R 构成自举电路，用于提高输出电压正半周的幅度，以得到大的动态范围。

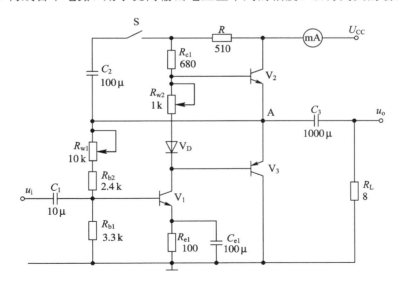

图 1-11-1　OTL 低频功率放大器电路

OTL 电路的主要性能指标如下：

（1）最大不失真输出功率 P_{om}。理想情况下：

$$P_{om} = \frac{1}{8}\frac{U_{CC}^2}{R_L}$$

在实验中可通过测量 R_L 两端的电压有效值，求得实际的 P_{om}，即

$$P_{om} = \frac{U_o^2}{R_L}$$

（2）效率 η。η 的计算式为

$$\eta = \frac{P_{om}}{P_E} \times 100\%$$

式中 P_E 为直流电源供给的平均功率。

理想情况下，$\eta_{max}=78.5\%$。在实验中，可测量电源供给的平均电流 I_{DC}，从而求得 $P_E = U_{CC} \cdot I_{DC}$，而负载上的交流功率已用上述(1)的方法求出，因而也就可以计算实际效率了。

（3）输入灵敏度。输入灵敏度是指输出最大不失真功率时，输入信号 U_i 之值。

（4）频率响应。在保持输入信号幅值不变的情况下，改变输入信号的频率，逐点测量对应于不同频率时的电压增益，在对数坐标下画出各频率点的输出电压值的曲线，即为电路的频率响应。

4. 实验内容与步骤

1）静态工作点的测试

按图 1-11-1 连接实验电路，在电源进线中串入直流毫安表，让输入信号 $u_i=0$，电位器 R_{w2} 置最小值，R_{w1} 置中间位置。接通 +5 V 电源，观察毫安表指示，同时用手触摸输出级三极管，若电流过大，或三极管温升显著，应立即断开电源检查原因（如 R_{w2} 开路、电路自激，或输出管性能不好等）。如无异常现象，可开始调试。

（1）调节输出端中点电位 U_A。调节电位器 R_{w1}，用直流电压表测量 A 点电位，使 $U_A = \frac{1}{2}U_{CC}$。

（2）调整输出级静态电流并测试各级静态工作点。

调节 R_{w2}，使 V_2、V_3 管的 $I_{C2}=I_{C3}=5$ mA～10 mA。就减小交越失真角度而言，应适当加大输出级静态电流，但该电流过大，会使效率降低，所以电流一般以 5 mA～10 mA 为宜。由于毫安表是串在电源进线中的，因此测得的是整个放大器的电流，但一般 V_1 的集电极电流 I_{C1} 较小，因而可以把测得的总电流近似当作末级的静态电流。如要得到准确的末级静态电流，则可从总电流中减去 I_{C1} 之值。

调整输出级静态电流的另一方法是动态调试法。具体方法是：先使 $R_{w2}=0$，在输入端接入 $f=1$ kHz 的正弦信号 u_i；逐渐加大输入信号的幅值，此时输出波形应出现较严重的交越失真，然后缓慢增大 R_{w2}，当交越失真刚好消失时，停止调节 R_{w2}，恢复 $u_i=0$，此时直

流毫安表的读数即为输出级静态电流。该电流一般也应为 5 mA～10 mA。

在调整 R_{w2} 时，要注意旋转方向，不要调得过大，更不能开路，以免损坏输出管。输出管静态电流调好后，如无特殊情况，不得随意旋动 R_{w2} 的位置。输出级电流调好以后，测量各级静态工作点，填入表 1-11-1 中。

表 1-11-1 各级静态工作点测量数据

$U_A = 2.5$ V	$I_{C2} = I_{C3} =$		mA
	V_1	V_2	V_3
U_B/V			
U_C/V			
U_E/V			

2）最大输出功率 P_{om} 和效率 η 的测试

（1）测量 P_{om}。输入端接 $f = 1$ kHz 的正弦波信号 u_i，输出端用示波器观察输出电压 u_o 的波形。逐渐增大 u_i，使输出电压达到最大不失真输出，用交流毫伏表测出负载 R_L 上的电压 u_{om}，则 $P_{om} = \dfrac{u_{om}^2}{R_L}$。

（2）测量 η。当输出电压为最大不失真输出时，读出直流毫安表中的电流值，此电流即为直流电源供给的平均电流 I_{DC}，由此可近似求得 $P_E = U_{CC} \cdot I_{DC}$，再根据上面测得的 P_{om}，即可求出 $\eta = \dfrac{P_{om}}{P_E} \times 100\%$。

（3）输入灵敏度的测试。根据输入灵敏度的定义，只要测出输出功率 $P_o = P_{om}$ 时的输入电压值 u_i 即可。

（4）频率响应的测试。在测试时，为保证电路的安全，应在较低电压下进行，通常取输入信号为输入灵敏度的 50%。在整个测试过程中，应保持输入信号 u_i 幅值不变，且输出波形不失真。改变信号源频率 f，找若干测试点，逐点测出相应的输出电压 u_o 填入表 1-11-2 中。

表 1-11-2 频率响应测试数据

$u_i =$ _____ mV

			f_L			f_0			f_H		
f/Hz						1000					
u_o/V											
A_v											

（5）研究自举电路的作用。

① 测量有自举电路在 $P_\mathrm{o}=P_\mathrm{om}$ 时的电压增益 $A_v=\dfrac{U_\mathrm{om}}{U_\mathrm{i}}$。

② 将 C_2 开路，R 短路（无自举），再测量 $P_\mathrm{o}=P_\mathrm{om}$ 时的 A_v。

用示波器观察①、②两种情况下的输出电压波形，并将以上两项测量结果进行比较，分析自举电路的作用。

（6）噪声电压的测试。测量时将输入端短路（$u_\mathrm{i}=0$），观察输出噪声波形，并用交流毫伏表测量输出电压，即为噪声电压 u_N。本电路若 $u_\mathrm{N}<15\ \mathrm{mV}$，则满足要求。

5. 实验思考

（1）整理实验数据，计算静态工作点、最大不失真输出功率 P_om、效率 η 等。

（2）画出频率响应曲线。

（3）交越失真产生的原因是什么？怎样克服交越失真？

（4）为什么引入自举电路能够扩大输出电压的动态范围？

1.12　集成功放的性能测试

1. 实验目的

（1）加深对功率放大（简称功放）电路性能的了解。

（2）掌握功率放大电路基本参数的测试方法。

2. 预习要求

（1）复习集成功放主要参数的定义，了解各参数的基本测试方法。

（2）查阅待测器件型号的参数，以便与测试数据进行比较。

3. 实验原理

一般通用集成运放的输出功率很小，如 uA741 在无外加元件时的输出功率仅为 $100\ \mathrm{mW}$ 左右。在需要较大功率的场合选用集成功率放大器。集成功率放大器的内部电路包括前置级、推动级和功率级等部分，它们和一些外部阻容元件构成应用电路，具有线路简单、性能优越、工作可靠、调试方便等优点，已经成为音频领域中应用十分广泛的功率放大器。TDA2030 集成功率放大器的电流输出能力强，谐波失真和交越失真小，各引脚都有交、直流短路保护，使用安全。其典型应用电路如图 1-12-1 所示。输入信号接入同相输入端，C_1 为输入直流去耦电容，C_4 为频率补偿电容，用以消除负载电感在高频时产生的不良影响，改善功放的高频特性并防止出现高频自激。

4. 实验内容与步骤

（1）测试最大不失真输出电压 u_om 和效率 η。按图 1-12-1 连接电路，将信号源频率调

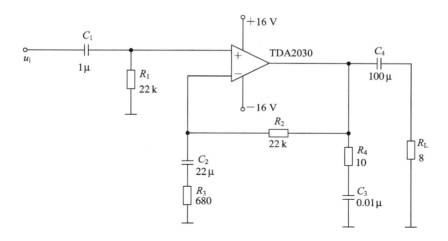

图 1-12-1　集成功率放大电路

到 1 kHz(正弦波)，逐步加大输入信号的幅度，用示波器观察放大器的输出信号，至最大不失真，然后用毫伏表测量出此时的输出电压 u_o，计算输出功率 $P_{om} = U_{om}^2 / R_L$。

保持信号不变，将万用表串入电源，测出此时的电源电流 I_E，计算电源消耗的功率 $P_E = U_{CC} \cdot I_E$ 和效率 $\eta = P_{om} / P_E$。

(2) 测试频带宽度 Δf。将输入信号调整到适当幅值，然后在保持此幅值不变的情况下，调节信号频率，分别测量出各频率点所对应放大电路输出信号的幅值(在低频段和高频段频点取密些)。绘制出幅频特性曲线，由此曲线求出功放电路的频带宽度 Δf。

5. 实验思考

(1) 在测量集成功率放大器的输出功率时，为什么要使输出达到最大不失真状态？

(2) 是否负载上得到的电压越大，集成功放的功率也越大？

第 2 章　模拟电子技术设计与综合实验

2.1　二阶低通有源滤波器的设计

1. 实验目的

(1) 学习有源滤波器的设计方法。

(2) 了解电阻、电容和 Q 值对有源滤波器性能的影响。

(3) 掌握低通有源滤波器的调试和幅频特性的测试方法。

2. 预习与设计要求

(1) 复习 RC 有源滤波器的工作原理。

(2) 根据给定滤波器的设计要求设计电路，并计算电路中各元件的参数。

(3) 设计要求。设计一个二阶有源低通滤波器。主要指标如下：

① 截止频率 $f_0 = 500\text{Hz}$；

② 等效品质因数 $Q = 1$；

③ $f = 10f_0$ 时，幅度衰减大于 $-30\text{dB}/10$ 倍频程。

设计提示：根据 f_0 的值选择电容 C(一般滤波器中的电容要小于 $1\ \mu\text{F}$，电阻值至少为千欧级，根据实验情况选定电容)，求得 R；根据 Q 值求 R_1 和 R_f，且集成运放的两个输入端的外接电阻要求对称，即 $R_f /\!/ R_1 = R + R$。

3. 实验原理与参考电路

滤波电路是一种能使有用频率信号通过而同时抑制无用频率信号的电子装置。工程上常用它来做信号处理、数据传送和抑制干扰等。集成运放和 R、C 组成的有源滤波电路，利用集成运放的开环增益和输入阻抗均很高，输出阻抗又较低的特点，对电压有一定的放大和缓冲的作用。

常用低通有源滤波电路中巴特沃斯滤波电路的幅频响应在通带中具有最平幅度特性，但从通带到阻带衰减较慢。二阶低通有源滤波电路(如图 2-1-1 所示)是由两级 RC 滤波电路和同相比例放大电阻组成的，其特点是输入阻抗高，输出阻抗低。

二阶低通有源滤波电路的传递函数为

$$A_v(\text{j}\omega) = \frac{A_{vo}}{\left(\dfrac{\text{j}\omega}{\omega_0}\right)^2 + \dfrac{1}{Q}\dfrac{\text{j}\omega}{\omega_0} + 1}$$

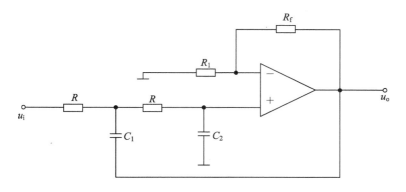

图 2-1-1 二阶低通有源滤波电路

式中，$A_{vo}=1+R_f/R_1$，$\omega_0=\dfrac{1}{RC}$，$Q=\dfrac{1}{3-A_{vo}}$。

A_{vo} 为低通滤波器的通带电压增益，ω_0 为特征角频率，也是 Q 为 0.707 时的 3 dB 截止角频率，Q 为等效品质因数。当低通电压增益 $A_{vo}<3$ 时，电路才能稳定地工作；当 $A_{vo}\geqslant3$ 时，电路产生自激振荡。当 $Q=0.707$ 时，电路的幅频特性比较平坦；当 $Q=0.707$，$\omega/\omega_0=1$ 时，曲线下降 3 dB；当 $\omega/\omega_0\geqslant1$ 时，曲线以 -40 dB/10 倍频下降。

4. 电路调试要点

根据设计电路安装电路，确定元器件与导线连接无误后，接通电源。

在电路的输入端加入 $u_i=1$ V 的正弦信号，用毫伏表观察输出电压的变化，在滤波器的截止频率附近，观察电路是否具有低通滤波特性，并保证输出 u_o 不失真。若没有滤波特性，说明电路存在故障，应加以排除。

当设计满足各项指标要求后，保持 $u_i=1$ V 不变，改变输入信号的频率，分别测量滤波器的输出电压 u_o，并将测量数据填入表 2-1-1 中。

根据测量结果画出幅频特性曲线（横坐标是 f 的对数刻度，纵坐标为 $20\lg(A_v/A_{vo})$，即分贝（dB）刻度。由幅频特性曲线决定 -3 dB 频率，即上限频率 f_H）。将测量的截止频率 f_H、通带电压放大倍数 A_v 与设计值进行比较。

表 2-1-1 二阶低通有源滤波器幅频特性的测量

u_i/V	1										
f/Hz	50	100	200	300	400	500	600	1000	2000	5000	10000
u_o/V											
$A_v=u_o/u_i$											
$20\lg(A_v/A_{vo})$											

调试低通滤波器的滤波特性时，需观察其截止频率是否满足设计要求。若不满足设计要求，根据有关公式调整元器件，使截止频率达到设计要求。在一般情况下，应尽量选用相互之间没有影响或影响较小的元件进行调整。例如，常用 R 调整 f_0，选用 R_1、R_f 调整 A_{up} 和 Q 值。如果有必要，这些调整需反复进行。然后观测电压放大倍数是否满足设计要求，若达不到要求，根据相关公式调整有关元器件，使其达到设计要求。

5. 设计报告要求

（1）根据设计要求设计电路，并计算电路中各元件的参数。

（2）根据实验数据画出幅频特性曲线。

（3）对实验过程中出现的问题进行分析讨论，写出实验的心得体会。

（4）实验思考：

① 在输入端加入信号时，信号的大小将对输出产生什么影响？

② 怎样用实验来测定 f_0？

③ 在幅频特性测量过程中，改变信号的频率时，信号的幅值是否要做相应的改变？

2.2　矩形波发生器的设计

1. 实验目的

（1）掌握用集成运放构成矩形波发生器电路的设计方法。

（2）学会调试矩形波发生器和测试主要性能指标的方法。

2. 预习与设计要求

（1）复习矩形波发生器电路的工作原理，按设计指标计算电路参数。

（2）设计要求。设计一个矩形波发生器，其性能指标如下：

① 频率 f 在 500 Hz～5 kHz 范围内连续可调。

② 幅度 U_{OM} 在 0 V～6 V 范围内连续可调。

③ 占空比 $T_1/T_2 = 20\% \sim 80\%$ 连续可调（自选项）。

3. 实验原理与参考电路

方波产生电路是一种能够直接产生方波或矩形波的非正弦信号发生电路。其基本电路图如图 2-2-1 所示。在迟滞比较器的基础上，加上一个由 R_f、C 组成的积分电路，把输出电路经 R_f、C 反馈到比较器的反相端，在比较器的输出端引入限流电阻 R 和两个背靠背的双向稳压管就组成了双向限幅方波发生电路。

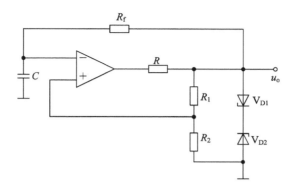

图 2-2-1 矩形波发生电路

方波的振荡频率为

$$f_0 = \frac{1}{2R_fC\ln\dfrac{1+F}{1-F}} = \frac{1}{2R_fC\ln\left(1+2\dfrac{R_2}{R_1}\right)}$$

$$F \approx \frac{R_2}{R_1+R_2}$$

方波的输出幅值为

$$U_{om} = \pm U_Z$$

其中，U_Z 为稳压管的稳压值。

改变 R_2/R_1 的值，可以改变振荡频率。也可以通过调节 R_f 或 C 来实现对振荡频率的调节。在低频范围(如 10 Hz～10 kHz)内，对于固定频率来说，用运放组成的电路简单。当振荡频率较高时，为了获得前后沿较陡的方波，可以选择转换速率较高的集成电压比较器代替运放。

通常将矩形波为高电平的持续时间与振荡周期的比称为占空比。对称方波的占空比为 50%。如需产生占空比小于或大于 50% 的矩形波，只需适当改变电容 C 的正、反向充电时间常数即可。

实验参考电路如图 2-2-2 所示。

4. 电路调试要点

(1) 按所设计电路图接线，调整 R_{p2}，使 R_{p1} 最大和最小时的重复频率符合设计要求。测定最高和最低频率值，并观察记录两极端位置时的各点对应波形，包括幅值参数和占空比。

(2) 调节 R_{p3}，测定并记录最高和最低幅度值。

(3) 测出并记录所用电阻(包括 R_{p2})值，供分析实验结果用。

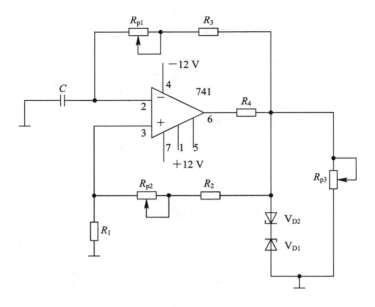

图 2-2-2　矩形波发生器实验参考电路

（4）根据自行设计的占空比可调的矩形波发生器电路接线，测出占空比可调范围。

图 2-2-2 中的 R_{p1} 调节重复频率；R_{p2} 调节回差，以保证在元件值（尤其是 C）有误差时使频率可调范围符合设计要求；R_{p3} 调节幅度。

5．设计报告要求

（1）根据设计要求设计电路，并计算电路中各元件的参数。

（2）根据实验数据记录频率在两极端值时的波形曲线，标出对应的参数。

（3）根据实验数据记录占空比在两极端值时的波形曲线，标出对应的参数（自选项）。

（4）实验思考：

① 理想运放条件下的 u_o、u_+、u_- 各点的波形关系。

② 频率（或周期）测定中，用示波器观察哪点波形最合理？（需考虑示波器输入阻抗接入电路的影响程度。）

2.3　施密特电路的设计

1．实验目的

（1）掌握电压比较器的电路结构和特性。

（2）熟悉施密特电路的设计。

（3）学会电压传输特性的测试方法。

2. 预习与设计要求

（1）复习施密特电路的组成及基本特性。

（2）设计要求。用运放 uA741 设计两个电路，以分别满足如图 2-3-1 所示的两种电压传输特性。

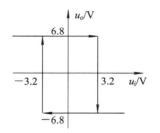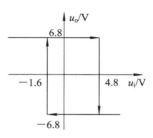

图 2-3-1　电压传输特性

（3）拟定电压传输特性的测试步骤。

3. 实验原理与参考电路

电压比较器是集成运放非线性应用电路，其作用是比较输入电压和参考电压，输出端以高电平或低电平，即数字信号来反映比较结果。运算放大器工作于开环状态，由于开环电压放大倍数很高，即使输入端有一个非常微小的差值信号，也会使输出电压饱和。比较器可以组成非正弦波形变换电路，可应用于模拟与数字信号转换等领域。

图 2-3-2 所示是一个最简单的电压比较器。U_R 是参考电压，加在同相输入端，输入电压 u_i 加在反相输入端。运算放大器工作在饱和区，即非线性区。当 $u_i < U_R$ 时，$u_o = +U_{omax}$；当 $u_i > U_R$ 时，$u_o = -U_{omax}$。图 2-3-3 所示是电压比较器的传输特性。

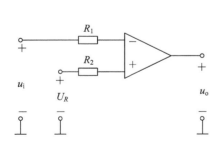

图 2-3-2　电压比较器

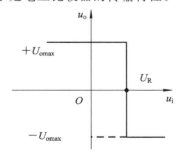

图 2-3-3　电压比较器的传输特性

当 $U_R = 0$ 时，即输入电压和零电平比较，此时的比较器称为过零比较器。图 2-3-4 所示为限幅过零电压比较器电路，V_{D1} 和 V_{D2} 为限幅稳压管。当 $u_i < 0$ 时，$u_o = +U_Z$；当

$u_i > 0$ 时，$u_o = -U_Z$。其电压传输特性如图 2-3-5 所示。过零电压比较器结构简单，当输入电压为正弦波电压时，输出为矩形波电压，灵敏度高，但其抗干扰能力差。

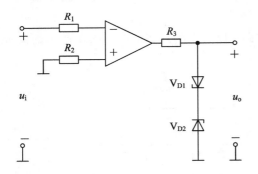

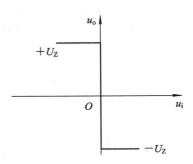

图 2-3-4　限幅过零电压比较器　　　　图 2-3-5　过零电压比较器电压传输特性

　　过零比较器在实际工作时，如果 u_i 恰好在过零值附近，由于零点漂移的存在，u_o 将不断地由一个极限值转换到另一个极限值，为此就需要输出具有滞回特性。图 2-3-6 所示为具有滞回特性的比较器，又称为施密特电路，其电压传输特性如图 2-3-7 所示。若 u_o 改变状态，同相输入端也随着改变电位。在某一瞬时 $u_o = +U_Z$ 或 $u_o = -U_Z$，门限电压 $U_T = \pm \dfrac{R_2}{R_2 + R_F} U_Z$。当 $u_i > U_{T+}$ 时，输出电压 u_o 转变为 $-U_Z$，发生负向跃变。当 $u_i < U_{T-}$ 时，u_o 又转变为 $+U_Z$，发生正向跃变。如此周而复始，随着 u_i 的大小变化，u_o 为一矩形波电压。$U_{T+} - U_{T-}$ 的差值称为回差。改变 R_2 的阻值可以改变回差的大小。滞回电压比较器能加速输出电压的转变过程，改善输出波形在跃变时的陡度。回差的存在提高了电路的抗干扰能力。

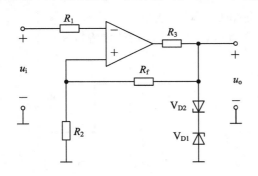

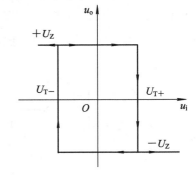

图 2-3-6　滞回电压比较器　　　　　图 2-3-7　滞回电压比较器的传输特性

4. 电路调试要点

（1）按设计的电路接线。

（2）u_i 接 +5 V 可调直流电源，测出 u_o 由 $+U_{omax} \rightarrow -U_{omax}$ 时 u_i 的临界值以及 u_o 由

$-U_{omax} \rightarrow +U_{omax}$ 时 u_i 的临界值。

（3）u_i 接频率为 500 Hz、幅值为 5 V 的正弦信号，观察并记录 u_i 和 u_o 的波形。

5. 设计报告要求

（1）根据设计要求设计电路，并计算电路中各元件的参数。

（2）整理实验数据，绘制施密特电路的传输特性曲线。

（3）实验思考：比较施密特电路与过零电压比较器的特点。

2.4　电压放大指示器的设计

1. 实验目的

（1）掌握运算放大器电路应用于放大器和比较器的基本方法。

（2）加深理解运算放大器的工作原理。

2. 预习与设计要求

（1）了解运算放大器实现基本运算的方法。

（2）利用运算放大器的比例运算和比较器的电路原理设计电路，要求用电位器的输出电压来模拟输入信号，通过不同指示灯的亮灭来表示不同范围的电压输出。如果输入信号来自于传感器，如温度传感器，则不同指示灯的亮灭就可以表示不同范围的温度变化。

3. 实验原理与参考电路

实验参考电路如图 2-4-1 所示。电路由信号放大电路、比较电路和电压范围指示三部分组成。比较电路部分由三个比较器构成挡位比较，以识别输入电压所在的范围。

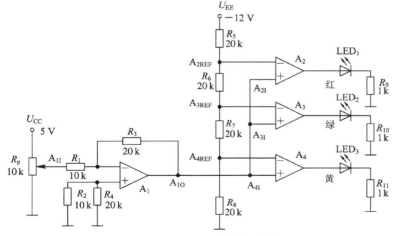

图 2-4-1　电压放大指示器

4. 电路调试要点

（1）按参考电路接线。

（2）测量各分压点的电压，填入表 2-4-1 中。

表 2-4-1 比较电路各分压点电压测试

分压点	U_{A_2REF}	U_{A_3REF}	U_{A_4REF}
测量值			

（3）测量运算放大器 A_2 的输出电压，填入表 2-4-2 中。

表 2-4-2 运算放大器 A_2 的输出电压测试

LED 状态	LED_1 亮	LED_1 灭
输出电压测量值		

（4）根据各 LED 的不同亮灭情况，测量电路中各点的电压范围，填入表 2-4-3 中。

表 2-4-3 LED 的不同亮灭情况下电路中各点的电压测试

LED	U_{A_1I}	U_{A_1O}	U_{A_2I}	U_{A_3I}	U_{A_4I}
LED 全灭					
LED_1 亮					
LED_1、LED_2 亮					
LED 全亮					

5. 设计报告要求

（1）对所设计的电压放大指示器电路进行电路分析说明。

（2）结合实验测试数据，对电压放大指示器的工作情况进行说明。

（3）实验思考：

① 说明运算放大器 A_1、A_2、A_3、A_4 分别构成的电路类型。

② 说明电阻 R_2、R_4、R_5、R_6、R_7、R_8 的作用。

2.5 直流稳压电源的设计

1. 实验目的

（1）熟悉直流稳压电源的工作原理。

（2）学会直流稳压电源的设计。

（3）掌握直流稳压电源的电路调整和性能测试方法。

2．预习与设计要求

（1）复习直流稳压电源的电路工作原理。

（2）根据参考电路及技术要求设计电路中各器件的有关参数。

（3）拟定直流稳压电源的安装调试步骤。

3．实验原理与参考电路

在电子电路中，通常需要电压稳定的直流电源供电。这些直流电源大多数是采用把交流电转变为直流电的稳压电源。

小功率稳压电源的组成如图 2-5-1 所示，它由电源变压器以及整流、滤波和稳压电路等四部分组成。

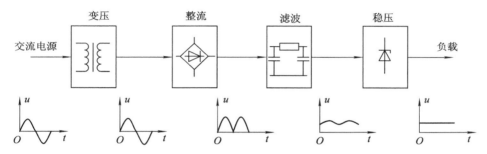

图 2-5-1　小功率稳压电源组成部分

电源变压器将交流电网 220 V 的电压变为所需要的电压值，然后通过整流电路将交流电压变成脉动的直流电压。此脉动的直流电压还含有较大的纹波，必须通过滤波电路加以滤除，从而得到平滑的直流电压。但这样的电压还随电网电压波动（一般有 ±10％ 左右的波动）、负载和温度的变化而变化。因而在整流、滤波电路之后，还需要接稳压电路。稳压电路的作用是当电网电压波动、负载和温度变化时，维持输出直流电压的稳定。

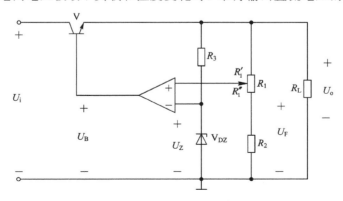

图 2-5-2　串联稳压电源电路

选用何种电路形式的直流稳压电源，应根据直流电源的用途、性能指标等具体要求而定。根据本实验要求，这里选用串联型线性稳压电源，它的输出电压、电流基本上能满足不同层次的要求，可以增大负载电流，输出电压可调节。图 2-5-2 所示是串联稳压电源电路的一般结构。由电位器 R_1 和 R_2 组成的分压电路将输出电压 U_o 分出一部分作为采样电压 U_F，送到运算放大器的同相输入端。由稳压二极管 V_{DZ} 和电阻 R_3 组成的稳压电路提供一个稳定的基准电压 U_Z，送到运算放大器的反相端，作为调整和比较的基准电压。运算放大器起比较放大的作用，它将 U_Z 和 U_F 之差放大后去控制调整管 V，从而达到自动调整稳定输出电压的目的。这个自动调节过程实质上是一个负反馈过程，U_F 即反馈电压。改变电位器就可调节输出电压：

$$U_o \approx U_B = \left(1 + \frac{R_1'}{R_1'' + R_2}\right)U_Z$$

采用运算放大器的串联型稳压电路仍有不少外接元件，还要注意共模电压的允许值和输入端的保护，使用复杂。当前已经广泛使用单片集成稳压电源。它具有体积小、可靠性高、使用灵活、价格低廉等优点。常用的集成稳压器有输入(I)、输出(O)和地(GND)或调整(ADJ)三个端子，所以称为三端集成稳压器，可分为固定式和可调式两种(均属电压串联型)。

（1）固定三端集成稳压器 78XX、79XX 系列。该系列稳压器具有过流、过热和调整管安全工作区保护，以防因过载而损坏，一般不需要接外接元件即可工作，有时为改善性能也加少量元件。

（2）可调式三端稳压器 W317 系列。该系列稳压器能在输出电压为 1.25 V～37 V 的范围内连续可调，外接元件只需要一个固定电阻和一只电位器。其芯片内有过流、过热和安全工作区保护。它的最大输出电流为 1.5 A。

本实验中采用三端集成稳压器来设计直流稳压电源，实验参考电路如图 2-5-3 所示。

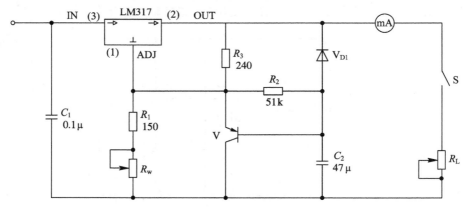

图 2-5-3　集成直流稳压电源电路

稳压电源的技术指标分为两种:一种是特性指标,包括允许的输入电压、输出电压、输出电流及输出电压调节范围等;另一种是质量指标,用来衡量输出直流电压的稳定程度,包括稳压系数、电压调整率、电流调整率、输出电阻、温度系数及纹波电压等。

1)电压调整率 S_U 和稳压系数 S_γ

输入调整因数 $K_U = \dfrac{\Delta U_o}{\Delta U_i}\bigg|_{\substack{\Delta I_o = 0 \\ \Delta T = 0}}$ 反映了输入电压波动对输出电压的影响,实际中常用输入电压变化量 ΔU_i 所引起的输出电压的相对变化量与 ΔU_i 之比来表示,称为电压调整率,即 $S_U = \dfrac{\Delta U_o / U_o}{\Delta U_i} \times 100\% \bigg|_{\substack{\Delta I_o = 0 \\ \Delta T = 0}}$;有时也以输出电压和输入电压的相对变化量之比来表征稳压性能,称为稳压系数,即 $S_\gamma = \dfrac{\Delta U_o / U_o}{\Delta U_i / U_i}\bigg|_{\substack{\Delta I_o = 0 \\ \Delta T = 0}}$ 。稳压系数和电压调整率都用来说明输入电压变化对输出电压的影响,因此只需测试其中之一即可。

2)输出电阻 R_o 和电流调整率 S_I

输出电阻 $R_o = \dfrac{\Delta U_o}{\Delta I_o}\bigg|_{\substack{\Delta U_i = 0 \\ \Delta T = 0}}$ 是当输入电压 U_i(指稳压电路输入电压)保持不变时,由负载变化而引起的输出电压变化量与输出电流变化量之比,它反映负载电流 I_o 变化对 U_o 的影响;有时也用电流调整率 S_I 表示,指负载电流从零变到最大时,输出电压的相对变化值,即 $S_I = \dfrac{\Delta U_o}{U_o} \times 100\% \bigg|_{\substack{\Delta U_i = 0 \\ \Delta T = 0}}$ 。输出电阻和电流调整率都用来说明负载电流变化对输出电压的影响,因此也只需测试其中之一即可。

3)纹波电压

输出纹波电压是指在额定负载条件下,叠加在输出电压 U_o 上的交流分量。用示波器观测其峰-峰值 ΔU_{oP-P} ,一般为毫伏级。也可以用交流毫伏表测量其有效值,但因 ΔU_o 不是正弦波,所以以用有效值衡量其纹波电压存在一定误差。

4. 调试要点

1)电压调整特性的测试

调试时,稳压器输出端负载开路,先调"1"脚上的电位器 R_w ,同时用电压表观察 U_o ,使 $U_o = 10$ V,然后接上负载电阻,调节负载的大小,当输出电流 $I_o = 40$ mA 时,测试相应的 U_i 和 U_o ,再改变 $U_i(\pm 10\% U_i)$,分别测出 U_o,计算出 S_U,填入表 2-5-1 中。

表 2-5-1　电压调整特性测试数据

测试条件	测 试 值		由测量值而计算		
	U_i/V	U_o/V	$\Delta U_i/V$	$\Delta U_o/V$	S_U
$I_o = 40$ mA					

2）负载调整特性和输出电阻的测试

负载调整特性是指稳压器在输入电压不变的情况下，由负载电流（I_o）发生变化而引起的输出电压的相对变化量与负载电流变化量之比，即

$$S_{I_o} = \frac{\Delta U_o/U_o}{\Delta I_o} \times 100\% \Bigg|_{\substack{\Delta I_o = 0 \\ \Delta U_i = 0}}$$

调试条件如表 2-5-2 所示，同时根据测试值可计算出输出电阻 $R_o \left(R_o = \dfrac{\Delta U_o}{\Delta I_o} \right)$。

表 2-5-2　负载调整特性和输出电阻的测试数据

测试条件	测 试 值		由测量值而计算		
I_o	U_i/V	U_o/V	$\Delta U_o/V$	$\Delta I_o/V$	R_o
40 mA		$U_{o1} =$			
80 mA		$U_{o2} =$			

3）纹波电压

用交流毫伏表或示波器测量输出端的纹波电压。当输入电压变化 10%，且输出端负载电流为 100 mA 时，测量输出端的纹波电压，看其是否仍能满足设计要求。

5. 设计报告要求

（1）对直流稳压电源的参考设计电路进行分析说明。

（2）根据实验测试数据，计算出该直流稳压电源电路的各技术性能指标。

（3）总结调试中遇到的问题及排除方法。

（4）实验思考：

① 直流稳压电源的稳压系数是越大越好，还是越小越好？为什么？

② 与分立元件的直流稳压电源相比，集成稳压电源有哪些优点？

③ 试分析输入电压波动 10%，电路能否正常工作。

2.6　温度检测与控制电路设计

1. 实验目的

（1）掌握温度检测与控制电路的工作原理。

（2）熟悉滞回比较器的性能与调试方法。

（3）学会电子电路的设计、组装和调试方法。

2. 预习与设计要求

（1）查阅温度传感器 LM35D 的使用方法。

（2）掌握滞回比较器的工作原理。

（3）设计要求。设计出一个温度检测和控制电路，能将温度自动控制在设定值，温度设定范围为 20℃～50℃，控制精度为 1℃，

（4）预先设计电路调试方案。

3. 实验原理与参考电路

温度检测与控制电路的原理框图如图 2-6-1 所示。温度传感器将温度信号转换成电压信号，信号放大电路将温度传感器输出的电压信号进一步放大，送入滞回比较器与设定的电压进行比较，由比较器输出电平控制信号来控制执行机构，使加热元器件通电或断电，实现温度的自动控制。改变滞回比较器的比较电压 U_R 可改变控制温度，而控温的精度则由滞回比较器的滞回宽度决定。

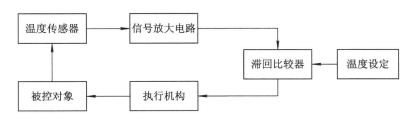

图 2-6-1　温度检测与控制电路的原理框图

1）温度传感器

LM35D 把测温传感器与放大电路做在一个硅片上，形成一个集成温度传感器，如图 2-6-2 所示。

LM35D 是一种输出电压与摄氏温度成正比例的温度传感器，其灵敏度为 10 mV/℃，工作温度范围为 0℃～100℃，工作电压为 4 V～30 V，精度为 ±1℃，最大线性误差为 ±0.5℃，静态电流为 80 μA。输出电压表达式为

$$U_。= T \times 10 \text{ mV/℃}$$

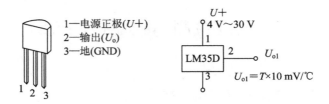

图 2-6-2 LM35D 温度传感器

2）信号放大电路

LM35D 的输出电压为 0 V～1 V，可以将该输出电压进行适当的放大处理。放大电路如图 2-6-3 所示，其中 $U_{o2} = U_{o1} \times (1 + R_3/R_2)$。

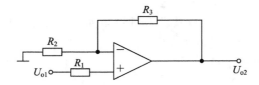

图 2-6-3 信号放大电路

3）滞回比较器

滞回比较器电路如图 2-6-4(a)所示。由集成运放构成的滞回比较器的电压传输特性如图 2-6-4(b)所示，图中 U_R 为对应于设定温度 T_0 的电压值，即 $U_R = 10 \text{ mV}/℃ \times T_0 \times (1 + R_3/R_2)$。

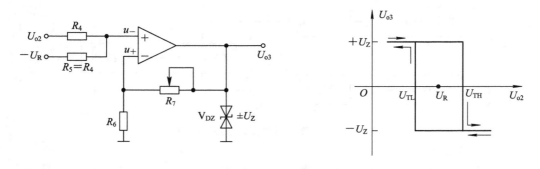

(a) 滞回比较器　　　　　　　　　　　　(b) 传输特性

图 2-6-4 滞回比较器及其传输特性

图 2-6-4(b)中的上门限电压 U_{TH} 和下门限电压 U_{TL} 分别为

$$U_{TH} = U_R + \frac{2R_6}{R_6 + R_7}U_Z$$

$$U_{TL} = U_R - \frac{2R_6}{R_6 + R_7}U_Z$$

门限宽度 $\Delta U_T = U_{TH} - U_{TL} = \frac{4R_6}{R_6 + R_7}U_Z$，大小可以通过调节 R_6、R_7 的值来调整。

$\frac{2R_6}{R_6 + R_7}U_Z$ 对应于温度控制的精度 ΔT。如果 $\Delta T = 1℃$，则 $\frac{2R_6}{R_6 + R_7}U_Z = 10~mV \times (1 + R_3/R_2)$，由此式可以决定 R_6 和 R_7 的值。当温度高于 $T + \Delta T$ 时，滞回比较器的输出电压 U_{o3} 为 $-U_Z$；当温度低于 $T - \Delta T$ 时，U_{o3} 为 $+U_Z$。

4）执行机构

继电器驱动电路如图 2-6-5 所示。当温度超过 $T + \Delta T$ 时，$U_{o3} = -U_Z$，三极管 V 截止，继电器的线圈断电，其常开触点断开，停止加热；当温度低于 $T - \Delta T$ 时，$U_{o3} = +U_Z$，三极管 V 饱和导通，继电器线圈通电，常开触点闭合，进行加热。图中 V_D 为续流二极管。

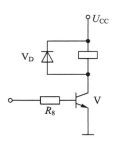

图 2-6-5　继电器驱动电路

4. 调试要点

首先进行单元电路的调试，再进行系统联调。

温度传感器单元的调试：用温度计测量传感器处的温度，如 $T = 30℃$，温度传感器的输出电压 $U_{o1} = 300~mV$。

信号放大单元的调试：通过 R_2、R_3 的阻值来确定信号放大电路的放大倍数。如果信号放大电路的放大倍数为 11，则在 $T_0 = 30℃$ 时，$U_{o2} = 3.3~V$。

滞回比较器的调试：比较器应严格选取 $R_4 = R_5$，如果设定温度 $T_0 = 30℃$，信号放大电路的放大倍数为 11，则相应的设定电压 $U_R = 3.3~V$。当 $\Delta T = 1℃$，温度高于 $T_0 + \Delta T$ 时，滞回比较器的输出电压 U_{o3} 为 $-U_Z$；当温度低于 $T_0 - \Delta T$ 时，U_{o3} 为 $+U_Z$。控制精度可以通过 R_7 进行调整。

5. 设计报告要求

（1）分析任务，确定设计方案。

（2）根据设计方案进行单元电路的设计。画出单元电路图，分析电路工作原理，进行电路参数计算和元器件选型。

（3）画出总体电路图，列出元器件清单。

（4）安装调试电路，整理所记录的实验数据，对实验过程中出现的问题进行分析讨论，写出心得体会。

2.7 频率/电压转换器

1. 实验目的

(1) 掌握频率/电压(F/V)转换的基本原理。

(2) 掌握运算放大器的基本运算与电路设计方法。

(3) 熟悉集成频率/电压转换器 LM331 的主要性能和典型应用。

2. 预习与设计要求

(1) 查阅集成频率/电压转换器 *LM*331 的使用方法。

(2) 熟悉频率/电压转换器 *LM*331 的工作原理。

(3) 掌握采用运算放大器进行电平变换的设计方法。

(4) 设计频率/电压转换电路。要求如下：

① 当脉冲信号的频率在 400 Hz～4 kHz 范围变化时，输出的直流电压在 2 V～10 V 范围内线性变化。

② 脉冲信号采用函数波形发生器。

3. 实验原理与参考电路

1) 频率/电压转换电路的设计方案

频率/电压转换的设计方案有多种，本实验直接采用 LM331 进行 F/V 转换，转换电路的整体框图如图 2-7-1 所示。

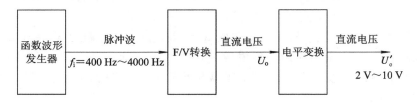

图 2-7-1 F/V 转换电路的整体框图

2) LM331 工作原理

LM331 为双列直插式 8 引脚芯片，其引脚框图如图 2-7-2 所示。其内部电路由输入比较器、定时比较器、R-S 触发器、输出驱动管、复零晶体管、能隙基准电路、精密电流源电路、电流开关、输出保护管等部分组成。LM331 既可用作电压—频率转换(VFC)，也可用作频率—电压转换(FVC)。

LM331 各引脚功能说明如下：脚①为脉冲电流输出端，内部相当于脉冲恒流源，脉冲宽度与内部单稳态电路相同；脚②为输出端脉冲电流幅度调节；脚③为脉冲电压输出端，

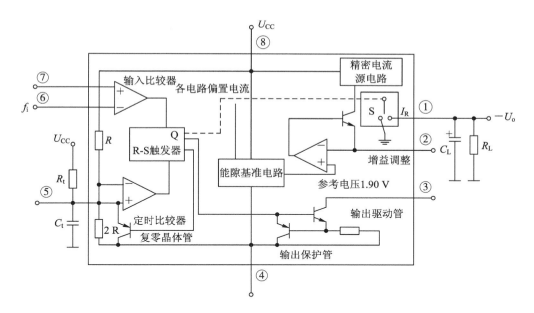

图 2-7-2 LM331 引脚框图

输出脉冲宽度及相位同单稳态，不用时可悬空或接地；脚④为地；脚⑤为单稳态外接定时时间常数 RC；脚⑥为单稳态触发脉冲输入端，低于脚⑦电压触发有效，要求输入负脉冲宽度小于单稳态输出脉冲宽度 T_w；脚⑦为比较器基准电压，用于设置输入脉冲的有效触发电平高低，脚⑧为电源 U_{CC}。LM331 的正常工作电压范围为 4 V～40 V，只需接入几个外部元件就可方便地构成 V/F 或 F/V 变换电路，并且容易保证转换精度。

LM331 的工作过程如下，波形图如图 2-7-3 所示。

当输入负脉冲到达时，由于⑥脚电平低于⑦脚电平，所以 $S=1$（高电平），$\bar{Q}=0$（低电平）。此时放电管截止，于是 C_t 由 U_{CC} 经 R_t 充电，其上电压 U_{C_t} 按指数规律增大。与此同时，电流开关 S 使恒流源 I 与①脚接通，使 C_L 充电，U_{C_L} 按线性增大（因为是恒流源对 C_L 充电）。

经过 $1.1R_tC_t$ 的时间，U_{C_t} 增大到 $2/3U_{CC}$，此时 R 有效（$R=1$, $S=0$），$\bar{Q}=1$，放电管导通，C_t 通过放电管迅速放电。与此同时，电流开关 S 使恒流源接地，从而 C_L 通过 R_L 放电，U_{C_L} 减少。

以后就重复上面的过程，于是在 R_L 上就得到一个直流电压 U_o，并且 U_o 与输入脉冲的重复频率 f_i 成正比。

C_L 的平均充电电流为 $I \times (1.1R_tC_t) \times f_i$，$C_L$ 的平均放电电流为 U_o/R_L，当 C_L 充放电平均电流平衡时，得

$$U_o = I \times (1.1R_tC_t) \times f_i \times R_L$$

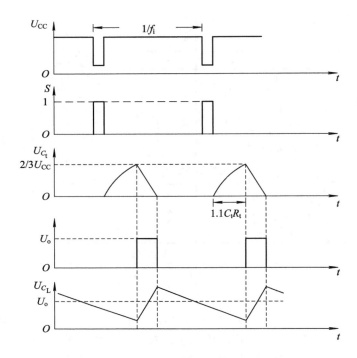

图 2-7-3 LM331 工作波形

式中 I 是恒流电流，$I = 1.90\ \text{V}/R_s$，式中 1.90 V 是 LM331 内部的基准电压（即 2 脚上的电压）。于是得 $U_o = 2.09\dfrac{R_L}{R_s}R_t C_t f_i$，可见，当 R_s、R_t、C_t、R_L 一定时，U_o 正比于 f_i，显然，要使 U_o 与 f_i 之间的关系保持精确、稳定，则上述元件应选用高精度、高稳定性的。

对于一定的 f_i，要使 U_o 为一定值，可调节 R_s 的大小。恒流源电流 I 允许在 10 μA～500 μA 范围内调节，故 R_s 可在 190 kΩ～3.8 kΩ 范围内调节。一般取 R_s 为 10 kΩ 左右。

3）LM331 用作频率/电压转换的典型电路

LM331 用作频率/电压转换的典型电路如图 2-7-4 所示。

图 2-7-4 中，若取 $R_s = 14.2$ kΩ，则 $U_o = f_i \times 10^{-3}$ V，由此得：当 f_i 为 400 Hz～4 kHz，输出的 U_o 为 0.4 V～4 V，因此在输出端需进行电平变换。

4）电平变换电路

电平变换电路由反相器和反相加法器组成，如图 2-7-5 所示。

（1）反相器。反相器的电路如图 2-7-6 所示，因为 $A_v = -1$，输入电阻为 100 kΩ，所以反馈电阻 R_6 为 100 kΩ，平衡电阻 R_5 取 51 kΩ。

（2）反相加法器。反相加法器的电路见图 2-7-7。由图可知，$U_o' = -\dfrac{R_9}{R_7}U_{o1} - \dfrac{R_9}{R_8}U_R$。

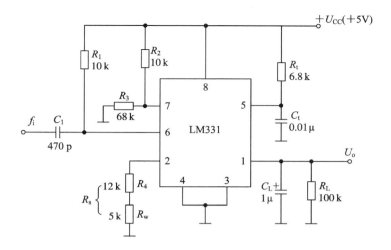

图 2-7-4 LM331 F/V 变换的典型电路图

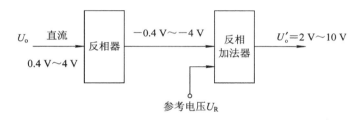

图 2-7-5 电平变换原理图

当 $f_i = 400$ Hz 时，$U_{o1} = -0.4$ V，$U_o' = 2$ V，当 $f_i = 4000$ Hz 时，$U_{o1} = -4$ V，$U_o' = 10$ V，代入 U_o' 的计算式中可得：$-\dfrac{R_9}{R_8} U_R = \dfrac{10}{9}$ V，若取 $R_9 = R_8 = 20$ kΩ，则 $U_R = -\dfrac{10}{9}$ V，$R_7 = 9$ kΩ。平衡电阻 R_{10} 取 4.7 kΩ。

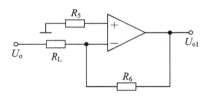

图 2-7-6 反相器电路图

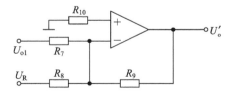

图 2-7-7 反相加法器电路图

4. 调试要点

（1）按设计电路图进行线路连接。

（2）在电路输入端加入频率为 400 Hz 的脉冲信号（由函数波形发生器产生），调节 R_s，使 LM331 的输出电压值为 0.4 V。接下来，将脉冲信号的频率调整到 $4kHz$，测试 LM331 的输出电压值，判断是否和理论值相当。

（3）调节脉冲信号的频率，使之从 400 Hz 向 4 kHz 变化，测试反相器的输出是否为 -0.4 V～-4 V，反相加法器的输出是否为 2 V～10 V。

5．设计报告要求

（1）分析电路原理。

（2）进行电路设计，对所选电路中的各元件值进行计算，并在图中标明。

（3）设计电路测试方案，根据测试结果整理数据，列出表格，在方格纸上绘制曲线图，并对数据误差进行分析。

（4）写出实验中出现的故障现象，分析其产生原因及解决方法。

2.8　电流/电压转换电路

1．实验目的

（1）熟悉电流信号转换成电压信号的原理。

（2）掌握标准电流信号转换成电压信号的设计方法。

2．预习与设计要求

（1）熟悉电流/电压转换电路的工作原理。

（2）设计出电流/电压转换电路。要求如下：

① 将标准电流信号 4 mA～20 mA 转换为标准电压信号 0 V～10 V，误差控制在 5％ 以内。

② 标准电流信号采用电流源输出。

3．实验原理与参考电路

在自动控制技术中，传感器输出的标准电流信号为 4 mA～20 mA，需要将其转换成 0 V～10 V 的电压信号，以便进一步处理。转换电路如图 2-8-1 所示，4 mA 为满量程的 0％ 对应的电压 0 V，12 mA 为满量程的 50％ 对应的电压 5 V，20 mA 为满量程的 100％ 对应的电压 10 V。

在图 2-8-1 中，运放 A_1 采用差分输入，电阻 R_1 跨接在电流源两端，阻值为 500 Ω，此级电路将 4 mA～20 mA 的电流转换为 2 V～10 V。第一级放大电路中，电阻 R_2、R_3、R_4、R_5 相等、放大倍数为 1，对应输出 $U_{o1} = -I_iR_1$，即输出电压 U_{o1} 为 -2 V～-10 V；第二级放大电路实现 -2 V～-10 V 到 0 V～10 V 的电平变换，根据对第二级电路的分析有：$-\dfrac{U_{\mathrm{o}}}{R_{\mathrm{f}}}=\dfrac{U_{\mathrm{o1}}}{R_{6}}+\dfrac{U_{\mathrm{f}}}{R_{7}}$，由此可推出：$U_{\mathrm{o}}=\dfrac{R_{\mathrm{f}}R_{1}I_{\mathrm{i}}}{R_{6}}-\dfrac{R_{\mathrm{f}}U_{\mathrm{f}}}{R_{7}}$。如果取 $R_{6}=10\ \mathrm{k\Omega}$，$R_{7}=10\ \mathrm{k\Omega}$，$U_{\mathrm{f}}$ 调整为 2 V，R_{f} 调整为 12.5 $\mathrm{k\Omega}$，则输出电压 U_{o} 的表达式可写成如下形式：$U_{\mathrm{o}}=625I_{\mathrm{i}}-2.5$，当输入 4 mA～20 mA 的电流信号时，对应输出 0 V～10 V 的电压信号。

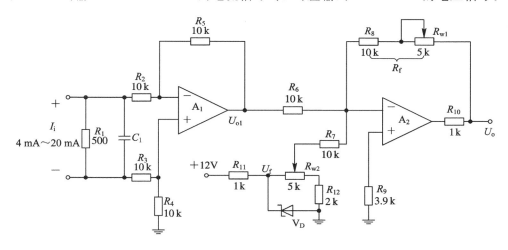

图 2-8-1　电流/电压变换电路

4. 调试要点

（1）按参考电路图接线，在电路输入端接入标准电流信号，该信号由直流稳流源提供。

（2）调节电流源的输出，当 I_{i} 分别为 4 mA 和 20 mA 时，测试对应的电压值 U_{o1}，判断是否和理论值相当。

（3）调节 R_{w2}，将 U_{f} 调整为 2 V。

（4）调整 I_{i} 使其为 20 mA，调节 R_{w2}，使 A_{2} 输出的电压 $U_{\mathrm{o}}=10$ V。

（5）进行电路联调，当 I_{i} 在 4 mA～20 mA 之间变化时，观察输出 U_{o} 是否为 0 V～10 V。

5. 设计报告要求

（1）分析电路原理。

（2）进行电路设计，对所选电路中的各元件值进行计算，并在图中标明。

（3）设计电路测试方案，根据测试结果整理数据，列出表格，在方格纸上绘制曲线图，并对数据误差进行分析。

（4）写出实验中出现的故障现象，分析其产生的原因及解决方法。

第 3 章　模拟电子技术软件仿真实验

3.1　OrCAD / PSpice 软件的基本操作

3.1.1　计算机辅助设计

　　实验教学是指人们利用科学仪器设备、物资材料,人为地控制或模拟自然界的各种现象,使自然过程或生产过程以比较纯碎的或者典型的形式表现出来,从而达到验证所学理论、发展现有理论、培养学生掌握科学的实验方法和提高综合实践能力的目的。电子技术这门课程因其突出的工程性和广泛的应用性要求我们在教学中将理论教学与实验教学紧密地结合起来。为培养学生良好的工程意识、较强的实践能力、大胆的创新思想,以及提高学生的综合素质能力,我们在原来做硬件实验的基础上引进了计算机辅助设计——虚拟实验平台。通过计算机辅助设计与分析系统,另一方面培养了学生运用先进的电子设计手段,完成电子电路设计的能力,另一方面为学生提供了虚拟电子实验室,营造出一个逼真的实验环境。计算机辅助设计在电子线路设计过程中借助于计算机来迅速准确地完成设计任务,即由设计者根据要求进行总体设计并提出具体的设计方案,然后利用计算机存储量大、灵活性大、直观形象、运算速度快等优点,对设计方案进行模拟仿真,发现有错误或方案不理想时,再重复上述过程。模拟电子技术实验的仿真我们采用了 OrCAD 软件,下面介绍 OrCAD 9.2 软件的基本操作。

3.1.2　电路图绘制

1. 绘制电路图的基本步骤

　　调用 OrCAD/Capture CIS 软件绘制电路图的步骤如下:

　　(1) 调用 OrCAD/Capture CIS 软件。OrCAD/Capture 是在 Windows 系统中运行的一个应用软件,因此可以采用 Windows 中应用软件的调用方法启动 Capture 软件,即在 Windows 下找到 OrCAD 9.2/Capture CIS 就可以启动 OrCAD Capture 窗口。Capture 启动后的窗口如图 3-1-1 所示。

　　(2) 新建设计项目(Project)。在 OrCAD Capture 窗口中选择执行 File/New/Project 子命令,屏幕上将出现 New Project 对话框,如图 3-1-2 所示。

　　在这个对话框中需进行三项设置 :

　　① 设定设计项目名称。在 Name 中键入设计项目名称。注意:文件名称字首不能为数

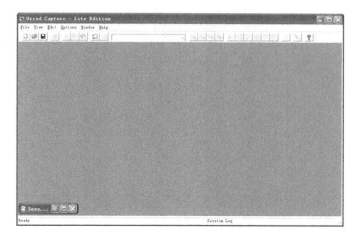

图 3-1-1 Capture 的操作窗口

设定设计项目名称
对绘制的电路进行
PSpice电路模拟
电路图要用于印
制电路板的设计
表示电路图将用于
CPLD或FPGA设计
绘制一般的电路图

设置新建设计项目
所在的子目录

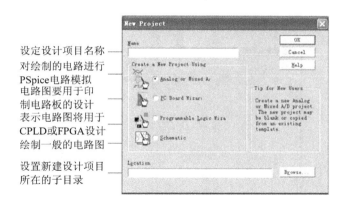

图 3-1-2 New Project 对话框

字和中文，该名称和后面的仿真名称要一致。

② 选定设计项目类型。图 3-1-2 中有四个选项用于选定设计项目类型，本书中需要对绘制的电路图进行 PSpice 电路模拟，因此选择 Analog or Mixed A/D。

③ 设置设计项目路径名。Location 项用于设置新设计项目所在的子目录。

设置完毕，点击"OK"按钮后，屏幕上将出现对话框，由用户确定是建立一个全新的设计项目，还是基于一个已有的设计项目来建立设计项目。

（3）设计项目管理窗口。建立设计项目后，屏幕上出现如图 3-1-3 所示的 Project Manager 窗口。

（4）启动电路图编辑器。对于新建的设计项目，在打开 Project Manager 窗口的同时，

设计资源 —— — 设计文件名
— 系统内定的电路设计层次名
— 专用元器件库
— 配置的库文件

图 3-1-3 Project Manager 窗口

系统会自动调出如图 3-1-4 所示的电路图编辑模块 Page Editor，并打开 PAGE1 图页。在软件运行过程中，双击 Project Manager 窗口中的图纸页名(图中为 PAGE1)或该名称左侧的图标，也可调出电路图编辑模块。

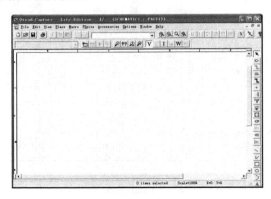

图 3-1-4 Page Editor 窗口

(5) 电路图的绘制。在绘图窗口中绘制电路图，通常需要绘制以下三部分内容：

① 绘制元器件符号。从系统配置的元器件符号库中调出所需的元器件符号，并按一定的方位放置在电路图中的合适位置。对于分层式电路设计，还需要绘制各层次子电路框图。

② 元器件间的电连接。包括互连线、总线、电连接标识符、结点符号及节点别名等。对于分层式电路设计，还需绘制子电路端口符。

③ 绘制电路图中的辅助元素。在 Page Editor 窗口中绘制电路图是通过选择执行 Place 命令菜单中的有关子命令完成的。Place 专用绘图工具按钮如图 3-1-5 所示。

(6) 电路图的后处理。绘制好电路图后，可以对电路图进行各种处理，包括元器件自动编号、设计规则检查、统计报表输出和电连接网表生成，以及保存电路图设计结果。

绘制互连线 —— Selection
(Wire) —— 调用符号库中的图形
总线 —— 绘制元器件(Part)
(Bus) —— 为节点命名
总线引入线 —— (Net Alias)
(Bus Entry) —— 互连线电连接节点
接地线符号 —— (Junction)
(Ground) —— 绘制电源
 —— (Power)

端口连接符
(Off-Page —— 浮置引线标志
Connector) —— (No Connect)
绘制直线段 ——
(Line) —— 折线
矩形 —— (Polyline)
(Rectangle) —— 椭圆
弧 —— (Ellipse)
(Arc) —— 添加说明字符串
 —— (Text)

图 3-1-5　Place 专用绘图工具按钮

2. 元器件的绘制

1) 元器件符号库说明

OrCAD/Capture 中提供了上万个元器件符号，分别存放在近 80 个符号库文件中。下面简略地介绍一些常用的元器件符号。

（1）商品化的元器件符号库。库中绝大部分符号都是不同型号的半导体器件和集成电路。这类元器件符号库文件的名称有两类。第一类是以元器件的类型为库文件名，例如：以 74 开头的库文件中是各种 TTL74 系列数字电路；CD4000 库文件中是各种 CMOS4000 系列电路；BIPOLAR 库文件中是各种型号的双极晶体管；OPAMP 库文件中是各种运算放大器，等等。第二类是在库文件名中包含有公司的名称。例如：SIEMENS 库文件中是西门子公司生产的各种半导体器件；库文件名以 MOTOR 开头的是摩托罗拉公司生产的半导体器件等。对这种商品化的元器件只需按元器件的型号名调用相应的符号即可。PSpice 模型参数库中同时提供有这些元器件的模型参数。

（2）常用的非商品化元器件符号库。如果绘制的电路图要进行 PSpice 模拟，那么就需经常从下述几种符号库中选用非商品化的元器件符号：

ANALOG 库：模拟电路中的各种无源组件，如电阻 R、电容 C、电感 L，需从该库中选用合适的元器件符号。

BREAKOUT 库：在 PSpice 进行统计模拟分析时，要求电路中某些元器件参数按一定的规律变化（包括 R、C 等无源组件以及各种半导体器件），这些元器件符号应从该库中调用。

SOURCE 库：无论是模拟电路还是数字电路，调用 PSpice 进行模拟分析时，总要有偏置电压，并要在输入端加激励信号，这些电压源和电流源符号就需从该库中调用。

2）元器件的选择

在 Page Editor 窗口中执行 Place /Part 子命令，或在工具栏上按 Part 项，屏幕上弹出 Place Part 选择框，如图 3－1－6 所示。

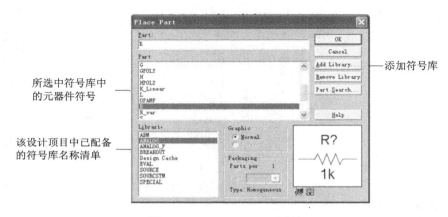

图 3－1－6　Place Part 选择框

按下述步骤选取所需的元器件符号：

① 选取元器件符号所在的符号库名称。在 Place Part 窗口中 Libraries 下方的列表框里显示的是在该设计项目中已配置的元器件符号库名称清单（可以通过 Add Library 添加符号库），点击某一库名称后，该库中的元器件符号将按字母顺序列在其上方的元器件符号列表中。

②在已确定的符号库里找所需要的元器件（通过元器件符号列表框右侧的滚动条），然后点击欲调用的元器件符号名称。如果找电阻就点击"R"，找电容就点击"C"，找电感就点击"L"。窗口中的预览框内将显示出被选的元器件符号图形，再按"OK"按钮，该符号即被调至电路图中。

3）元器件符号的放置

被调至电路图中的元器件符号将附着在鼠标上并随着鼠标的移动而移动，移至合适位置时点击鼠标左键，即在该位置放置一个元器件符号。这时继续移动鼠标，还可在电路图的其他位置继续放置该元器件符号。

4）结束元器件的放置

可采用下述三种方法之一结束元器件的放置：

方法1：点击鼠标右键，屏幕上将弹出快捷菜单，点击"End Mode"选项。

方法2：按"Esc"键。

方法3：在绘制元器件符号的过程中，点击 Place 工具按钮中的 Selection 按钮。

5）绘制元器件的快捷菜单

点击鼠标右键，屏幕上将弹出快捷菜单，如图3-1-7所示。

将元器件符号对Y轴作镜向翻转处理
将元器件符号逆时针转90°

将元器件符号对X轴作镜向翻转处理
修改元器件的属性参数

在屏幕上缩小显示电路图
将光标快速移至指定的位置

在屏幕上放大显示电路图

图3-1-7　Place 快捷菜单

6）电源与接地符号的绘制

OrCAD/Capture 符号库中有两类电源符号，其中最主要的一类是由 SOURCE 库中提供的。这些符号真正代表一种激励电源，通过设置可以给它们赋予一定的电平值，这一类电源符号需通过执行 Place/Part 子命令绘制。另一类是 CAPSYM 库中提供的四种电源符号，它们仅仅是一种符号，在电路图中只表示该处要连接的是一种电源，本身不具备任何电压值，但是这类电源符号具有全局相连的特点，电路中具有相同名称的这样几个电源符号在电学上是相连的，即使相互之间未采用互连线连接。

如果使用了 CAPSYM 库中的电源符号，则还应调用 SOURCE 库中的符号进一步说明这些电源符号的电平值，一般采用附加小电路的形式说明。

"接地"符号通过执行 Place/Ground 子命令绘制。接地符号也具有全局相连的特点。调用 PSpice 对模拟电路进行模拟分析时，电路中一定要有一个电位为零的接地点。这种零电位接地符号需通过执行 Place/Ground 子命令，从 SOURCE 库中选用名称为0的符号来放置。

3. 互连线的绘制（Place/Wire）

在电路图中绘制好各种元器件符号后，就需要绘制互连线，实现不同元器件之间的点连接。绘制互连线的步骤如下：

（1）执行 Place / Wire 子命令，进入绘制互连线状态，这时光标形状由箭头变为十字形。

（2）将光标移至互连线的起始位置，点击鼠标左键，从该位置开始绘制一段互连线。

（3）用鼠标或者键盘的方向键控制光标移动，随着光标的移动，互连线随之出现，将光标移动到互连线终点位置，单击鼠标左键可以结束互连线的绘制。

（4）按下" Esc"键或从快捷菜单中选择"End Wire"可以结束互连线的绘制状态，使鼠标恢复为箭头形状。

4. 电连接节点的绘制（Place/Junction）

两条互连线十字交叉或者丁字形相接时，只有在交点处出现实心圆形的连接点，才表示这两条线在电学上是相连的。节点的绘制可以在绘制好互连线以后执行 Place/Junction 子命令来添加。

5. 节点别名的设置（Place/Net Alias）

电路中电学上相连的互连线、总线、元器件引出端等构成一个节点。OrCAD / Capture 自动为每个节点确定一个数字编号，如果有某种需要，可自行设置节点名。操作方法如下：

（1）执行 Place/Net Alias 子命令，屏幕上将出现如图 3-1-8 所示的设置窗口。

图 3-1-8　节点设置对话框

（2）在 Alias 文本框中键入节点名。

（3）完成图 3-1-8 中的各项设置后，按"OK"按钮，则电路图中光标箭头处附着一个代表节点名的小矩形框。

（4）将光标移动至放置节点的位置，点击鼠标左键，即可将新的节点名设置于该位置。

6. 元器件参数的设置

在电路图中绘制无源组件时，组件值均采用内定值。例如：电阻值为 1 kΩ，电容值均为 1 μF，电感值均为 10 mH，同时每个元器件按元件类别和绘制顺序自动进行编号。因此，应根据电路图设计的需要对各元器件参数进行设置。下面以电阻参数的设置为例进行说明。

电阻参数的设置可以用如下几种方法来实现：

方法 1：双击被设置的电阻值，屏幕上将出现 Display Properties 对话框窗口，如图 3-1-9 所示。

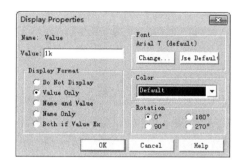

图 3-1-9　Display Properties 对话框

Display Format 栏决定该项目内容的模式显示。只能在该栏提供的 5 种选择中选用一种。

方法 2：选中被设置的电阻值后，选择执行 Edit Properties 子命令，出现属性参数编辑器(Property Editor)，如图 3-1-10 所示，在该编辑器中可进行参数的设置。

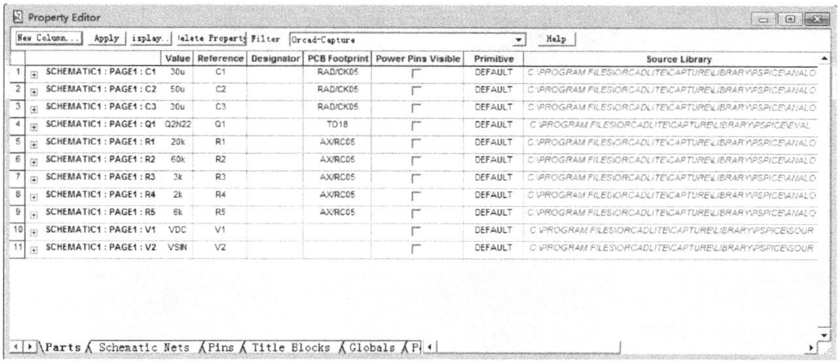

图 3-1-10　属性参数编辑器

属性参数编辑器由四部分组成：

（1）编辑命令。

New Column：用于为选中的元素新增一个用户定义参数。

Apply：编辑修改属性参数后，按此按钮更新电路图中该电路元素的属性参数。

Display：选中电路元素的一项属性参数后，按此按钮打开显示属性参数设置对话框，此对话框用于设置属性参数的显示方式。

Delete Property：删除选中的属性参数。

（2）参数过滤器（Filter）。

（3）电路元素类型选择标签。属性参数编辑器用于编辑修改元器件（Parts）、节点（Nets）、元器件引线（Pins）、图纸标题栏（Title Block）、具有全局相连特性的符号（Global）、端口符号（Port）和节点别名（Net Aliases）等多种类型电路元素的属性参数。

（4）属性参数编辑工作区。

3.1.3 电路基本特性分析

绘制好电路图后，就可以用 OrCAD/PSpice 对电路进行模拟分析。模拟分析的基本过程包括特性分析类型确定和参数设置、模拟分析计算和模拟结果分析三个阶段。

1. 特性分析类型确定和参数设置

OrCAD/PSpice 有四种基本分析类型：Bias Point（直流偏置计算）、DC Seep（直流扫描）、AC Sweep/Noise（交流小信号频率分析）和 Time Domain（Transient）（瞬态分析）。PSpice 按照下述两步通过模拟类型分组（Simulation Profile）来确定分析类型和设置分析参数。

（1）调出 PSpice 命令菜单，建立模拟类型分组。在 Capture 主命令菜单中选 PSpice 命令，屏幕上将出现 PSpice 命令菜单，选择执行"New Simulation Profile"子命令后，屏幕上弹出 New Simulation 对话框，如图 3-1-11 所示。

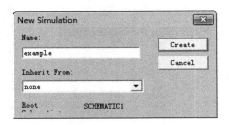

图 3-1-11　New Simulation 对话框

在 Name 栏中键入模拟类型组的名称。

在 Inherit From 栏右侧的下拉列表中有当前电路中已经建立的模拟类型分组。如果在某个已有模拟类型分组设置内容的基础上稍加修改即可得到新的设置，可以从下拉列表中选取该模拟类型分组名称；如果新建模拟类型分组的参数需要重新设置，应从下拉列表中选取 none。

（2）设置模拟类型和参数。在设置完 New Simulation 对话框里的内容后，按"Create"按钮，屏幕上弹出模拟类型和参数设置框，即"Simulation Settings"窗口，如图 3－1－12 所示。设置框中的 Analysis 标签页用于电路模拟分析类型和参数的设置，Options、Data Collection 和 Probe Window 三个标签页用于设置波形显示和分析模块 Probe 的参数，其余四个标签用于电路模拟中有关文件的设置。

图 3－1－12　模拟类型和参数设置对话框

Analysis 标签页中三个设置内容说明如下：

① 设置基本分析类型。Anaiysis Type 栏右侧的下拉列表中列出了 Bias Point（直流偏置计算）、DC Sweep（ 直流扫描）、AC Sweep/Noise（ 交流小信号频率分析）和 Time Domain（Transient）（ 瞬态分析)四种基本电路分析类型 。

② 设置模拟类型组中的其他分析类型。在"Options"栏中选定该模拟类型组中还需要同时进行哪几种电路特性分析。对应不同的基本分析类型，Options 栏中列出的分析类型不完全相同。要进行某种分析，一定要在 Options 栏中单击该种分析类型名前的复选框。其中 General Settings 代表基本分析类型。

③ 设置分析参数。在选择完 Options 栏中的分析类型后，在其右侧即显示出该种分析中需设置的参数。

2．模拟分析计算

设置完电路特性分析类型和分析参数后，在 PSpice 命令菜单中点击"Run"选项，对电路进行模拟分析。

3．模拟结果分析

如果模拟分析过程正常结束，将出现如图 3 － 1 － 13 所示的 PSpice A/D 窗口，即

Probe 模块。在 PSpice 对电路特性进行模拟分析以后，可以通过 Probe 模块以交互方式直接在屏幕上显示不同节点电压和支路电流的波形曲线，就像用一台示波器显示观察实际电路中不同位置的波形一样。

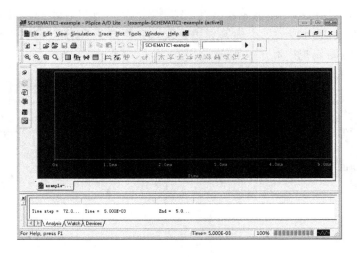

图 3 - 1 - 13　Probe 窗口

4. 应用实例

下面以图 3 - 1 - 14 中绘制好的单管交流放大电路图为例，介绍该电路的瞬态特性分析和交流小信号频率分析。

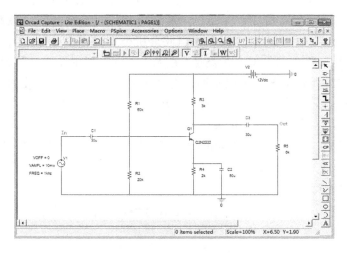

图 3 - 1 - 14　绘制好的单管交流放大电路图（例）

1) 瞬态特性分析

实例电路的瞬态分析步骤如下：

（1）执行 Capture /PSpice/New Simulation Profile 命令后，在 New Simulation 对话框（参见图 3－1－11）的 Name 栏中键入模拟类型组的名称，点击"Create"按钮。

（2）在 Simulation Settings 对话框中设置模拟类型和参数（参见图 3－1－12）。

Analysis Type：Time Domain (Transient)。

Options：General Settings。

Run to(分析的终止时间)：本例键入"5ms"。

Start saving data(分析起始时间)：本例设置从"0"开始。

（3）在 PSpice 命令菜单中，点击"Run"选项对电路进行模拟分析。启动 PSpice A/D 窗口。

（4）在 Probe 窗口中，执行 Trace/Add Trace 子命令，可以选择需要观测的变量。执行 Trace/Add Trace 命令后，屏幕上出现 Add Traces 窗口，如图 3－1－15 所示。窗口的左边部分是模拟分析结果输出变量列表，用鼠标点击要显示的变量名，则被选中的变量名依次出现在"Trace Expression"文本框中，点击图 3－1－15 的"OK"按钮，屏幕上将立即显示出与所选变量名对应的信号波形。

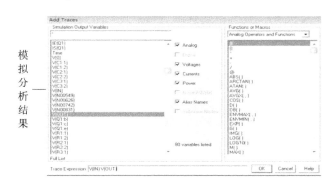

图 3－1－15　Add Trace 窗口

本例选择 V[IN] 和 V[OUT]两个变量，点击"OK"按钮后，屏幕上出现的波形如图 3－1－16 所示。

由图 3－1－16 可见，在同一个坐标系下显示信号相差太大的几个信号波形时，将会出现部分波形曲线形状显示不明显的问题。解决办法：通过增加窗口，采用不同坐标来分别显示大小不同的波形。方法如下：

（1）选择执行 Plot/ Add Plot to Window 子命令，即可在当前屏幕上添加一个空白的波形显示区。在一个窗口中可以添加多个波形显示区。该区左侧有"SEL≫"标志，表示其

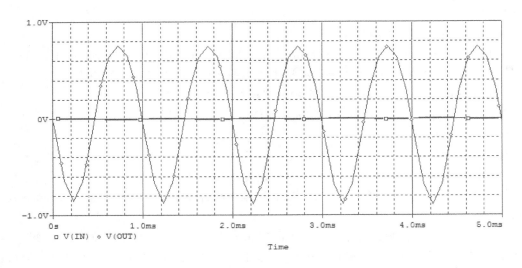

图 3-1-16　实例电路的瞬态分析输出波形(一)

处于选中状态。

（2）选择执行 Trace/Add Trace 子命令，分别显示需要观测的变量。

实例电路的模拟分析输出采用多窗口显示时，输出波形如图 3-1-17 所示。

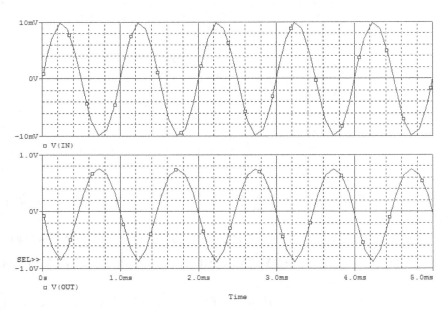

图 3-1-17　实例电路瞬态分析输出波形(二)

2）交流小信号频率特性分析

本项分析的作用是计算电路的交流小信号频率响应特性。分析时首先计算电路的直流工作点，并在工作点处对电路中各个非线性元件作线性化处理，得到线性化的交流小信号等效电路。然后使电路中交流信号源的频率在一定范围内变化，并用交流小信号等效电路计算电路输出交流信号的变化。

实例电路的交流小信号频率特性分析步骤如下：

（1）将电路输入端的信号"VSIN"换成"VAC"电源。

（2）选择执行 PSpice / Edit Simulation Profile 子命令，出现图 3-1-18 所示窗口，在此窗口进行交流参数分析的设置。

选 ACSWeep/Noise ——   —— 频率变化的起始点
    —— 频率变化的终点
    —— 频率点的个数

图 3-1-18　交流参数分析模拟类型和参数的设置

（3）在 PSpice 命令菜单中点击"Run"选项，对电路进行模拟分析。

（4）在 Probe 窗口中执行 Plot/ Add Plot to Window 子命令，增加一个波形显示窗口。

（5）在 Probe 窗口中选中一个窗口为活动窗口，执行 Trace/Add Trace 命令，在出现的 Add Trace 窗口中进行以下操作：

① 在 Functions or Macros 框中，选择 M（），即显示幅频特性的波形。

② 在 Simulation output Vaniables 框中，选择 V［out］，Trace Expression 框中将出现 M［V［out］］。

③ 单击"OK"按钮后，活动屏幕中将出现幅频特性分析图。

④ 选中 Probe 窗口中另外一个窗口为活动窗口，用以上的步骤，在 Functions or Macros 框中选择 P（）可得到相频特性分析图。

实例电路的幅频和相频特性分析结果如图 3-1-19 所示。

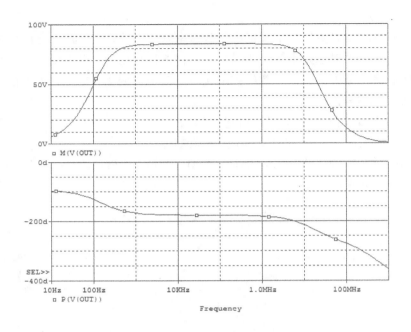

图 3-1-19 实例电路幅频和相频特性

3.1.4 参数扫描分析

利用 PSpice 也可分析计算电路中元器件参数值变化时对电路特性的影响，包括温度的影响、参数变化的影响等。这里我们介绍参数变化对电路特性影响的分析方法。

以图 3-1-14 中绘制好的单管交流放大电路图为例，说明该电路中元器件 R1 参数变化时对电路瞬态特性的影响。

（1）将元器件的参数值设置为"变化参数"。在图 3-1-14 中用鼠标左键连击电阻 R1 的阻值 60 kΩ，在屏幕上出现的"Display Properties "设置框中，将其值 60 k 改成{Rval}。（注意：其中的大括号不可缺少，括号中的参数名可由用户设置）。然后按"OK"按钮。电路中 R1 的阻值即改为此设置值。

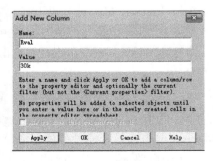

图 3-1-20 新增属性参数对话框

（2）用参数符号设置阻值参数。从元器件图形符号库中调出名称为"PARAM"的符号（它在"SPE-CIAL"库中），将其放在电路图中的空白位置，然后双击该符号，在屏幕上出现的元器件属性参数编辑器中单击"New Column"，屏幕上将出现如图 3-1-20 所示的新增属性参数对话框。

按图进行设置后，Rval 即成为电阻 R1 的阻值参数名（注意：此处不要加大括号），这时，元器件属性参数编辑器中将新增 Rval 项，如图 3-1-21 所示。将图中 Rval 项设置为 30 k，表示进行分析时，该阻值取为 30 kΩ。在电路分析中，Rval 参数的取值将决定电路中每一个{Rval}的实际值。

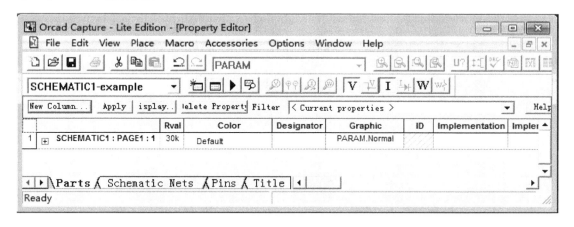

图 3-1-21　新增属性参数的设置

（3）设置参数扫描分析。执行 PSpice / Edit Simulation Profile 子命令，进行参数扫描分析设置。设置的结果如图 3-1-22 所示。

图 3-1-22　实例电路的参数扫描分析设置

（4）在 PSpice 命令菜单中点击"Run"选项，对电路进行模拟分析。分析结果如图 3-1-23 所示。

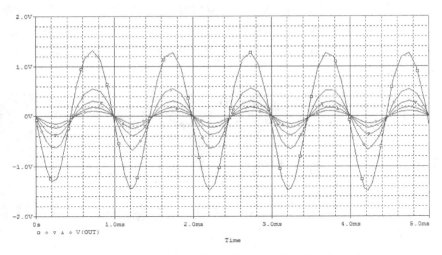

图 3-1-23　实例电路中不同 R1 阻值下的输出波形

3.2　单管交流放大电路仿真

1. 实验任务及要求

（1）进一步熟悉 OrCAD / PSpice 软件的操作过程。

（2）用瞬态分析法分析实验电路中输入与输出波形的大小和相位关系。

（3）用参数扫描的方法分析实验电路中电阻 R2 变化时，对输出波形的影响。

2. 实验电路图和仿真步骤

电路图如图 3-2-1 所示。

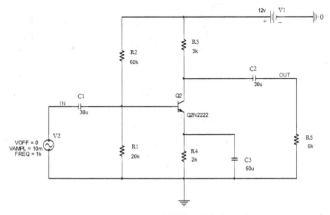

图 3-2-1　单管交流放大电路

实验步骤：

（1）启动 OrCAD 软件，进入 Capture CIS 的主窗口。

（2）调出电路图中所需元件，将其拖动到电路工作区的适当位置，按图连线。

（3）对各元件参数进行设置、存盘。

（4）点击 New Simulation Profile 命令，设置仿真参数，运行仿真，观察、分析得到的波形。

3．仿真结果

图 3－2－2 所示为 R2 固定时的输入、输出端波形，图 3－2－3 所示为 R2 为可变参数时的输入、输出端波形。

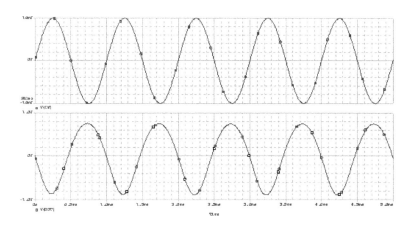

图 3－2－2　R2 固定时的输入、输出端波形

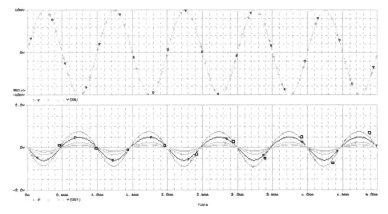

图 3－2－3　R2 为可变参数时的输入输出波形

3.3 负反馈放大电路仿真

1. 实验任务及要求

(1) 用瞬态分析法分析实验电路输入和输出波形的大小和相位关系。

(2) 用交流小信号频率特性分析方法分析实验电路的幅频特性和相频特性。

(3) 分析电路加反馈信号和不加反馈信号对输出波形的影响。

2. 实验电路图和仿真步骤

实验电路图如图 3-3-1 所示。

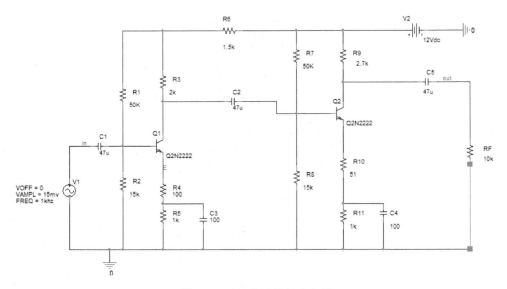

图 3-3-1 负反馈放大电路

实验步骤:

(1) 启动 OrCAD 软件,进入 Capture CIS 的主窗口。

(2) 调出电路图中所需元件,将其拖动到电路工作区的适当位置,按图连线。

(3) 对各元件参数进行设置、存盘。

(4) 点击 New Simulation Profile 命令,设置仿真参数,运行仿真,观察、分析得到的波形。

3. 仿真结果

不带负反馈(RF 接地)时的输入、输出波形如图 3-3-2 所示(输出存在失真)。

加上负反馈后(RF 接 E 点)的输入、输出波形如图 3-3-3 所示(失真消除了)。

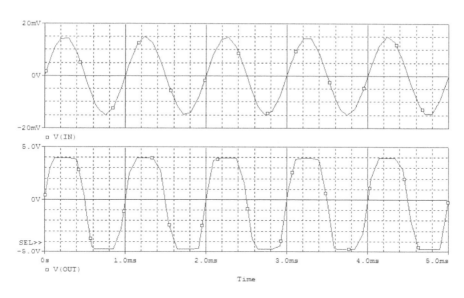

图 3-3-2　不带负反馈时的输入输出波形

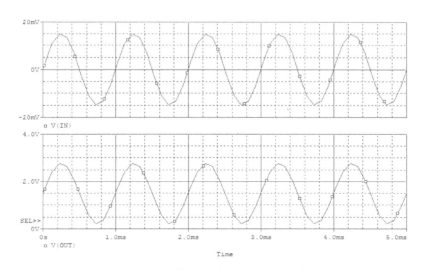

图 3-3-3　带负反馈时的输入输出波形

3.4　差动放大电路仿真

1. 实验任务及要求

（1）运用直流工作分析方法分析差动放大电路的静态工作点。

（2）运用瞬态分析方法分析放大器在不同输入信号方式下的各技术性能指标及输入和输出波形、相位等关系。

（3）分析该电路的抗共模信号的能力。

2. 实验电路图和仿真步骤

实验电路如图 3-4-1 所示。

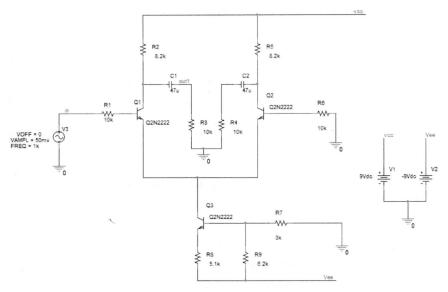

图 3-4-1 差动放大电路

实验步骤：

（1）启动 OrCAD 软件，进入 Capture CIS 的主窗口。

（2）调出电路中所需元件，将其拖动到电路工作区的适当位置，按图连线。

（3）对各元件参数进行设置、存盘。

（4）点击 New Simulation Profile 命令，设置仿真参数，运行仿真，观察、分析得到的波形。

3. 仿真的结果

（1）差模放大的输入、输出波形。在差模放大工作情况下，当输入信号幅值设置为 50 mV 时，电路的输入、输出波形如图 3-4-2 所示。

（2）共模放大的输入、输出波形。在共模放大工作情况下，当输入信号幅值设置为 1 V 时，电路的输入、输出波形如图 3-4-3 所示，此时输出信号幅度很小（小于 200 μV）。

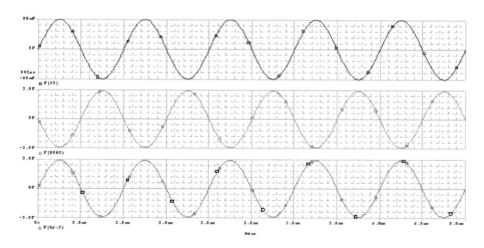

图 3 - 4 - 2　差模放大的输入、输出波形

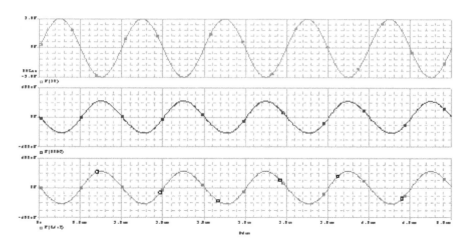

图 3 - 4 - 3　共模放大的输入、输出波形

3.5　积分电路仿真

1. 实验任务及要求

（1）掌握积分电路的参数设计方法。

（2）熟练掌握 VPULSE 信号源的设置方法。

（3）将实验电路中 R1 的阻值设置为"变化参数"，用参数扫描分析的方法观察其输出波形的变化。

（4）掌握电容"IC"的设置方法。

2. 实验电路图和仿真步骤

实验电路如图 3-5-1 所示。

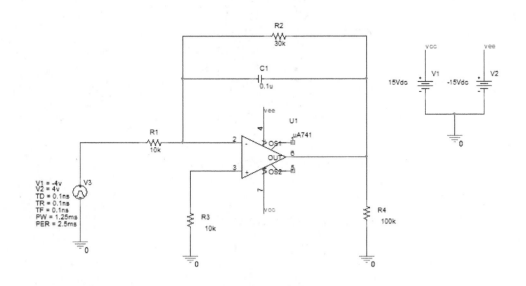

图 3-5-1 积分电路图

实验步骤：

（1）启动 OrCAD 软件，进入 Capture CIS 的主窗口。

（2）调出电路图中所需元件，将其拖动到电路工作区的适当位置，按图连线。

（3）对各元件参数进行设置、存盘。

（4）点击 New Simulation Profile 命令，设置仿真参数，运行仿真，观察、分析得到的波形。

3. 仿真结果

（1）输入幅度为 0 V～+6 V、频率为 400 Hz 的方波时，输入端(in)和输出端(out)的波形如图 3-5-2 所示。

（2）输入幅度为-4 V～+4 V、频率为 400 Hz 的方波时，输入端(in)和输出端(out)的波形如图 3-5-3 所示。

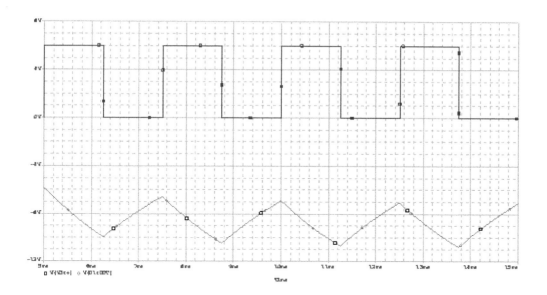

图 3-5-2　积分电路输出波形(一)

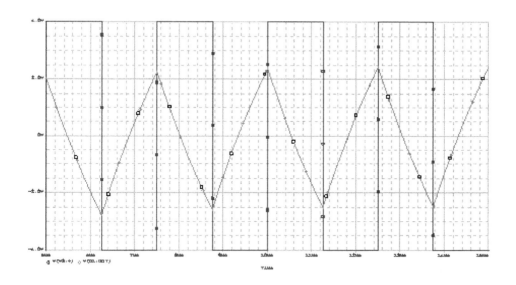

图 3-5-3　积分电路输出波形(二)

3.6　三角波发生器仿真

1. 实验任务及要求

（1）掌握三角波发生器电路的参数设计方法。

（2）分析三角波发生器的电路特性。

（3）将实验电路中 R1 的阻值设置为"变化参数"，用参数扫描分析的方法观察其输出波形的变化。

（4）实验电路中电容 C1 的初始状态设置为 0（即 IC＝0）。

2. 实验电路图和仿真步骤

电路图如图 3－6－1 所示。

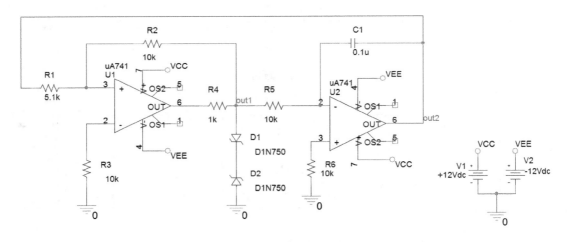

图 3－6－1　三角波发生器电路图

实验步骤：

（1）启动 OrCAD 软件，进入 Capture CIS 的主窗口。

（2）调出电路图中所需元件，将其拖动到电路工作区的适当位置，按图连线。

（3）对各元件参数进行设置、存盘。

（4）点击 New Simulation Profile 命令，设置仿真参数，运行仿真，观察、分析得到的波形。

3. 仿真结果

图 3－6－1 中 out1、out2 的输出波形如图 3－6－2 所示。

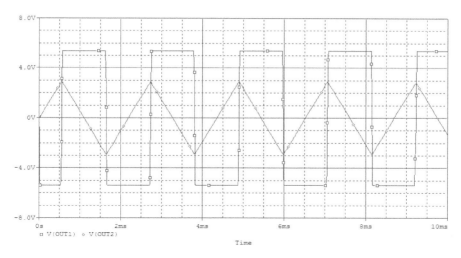

图 3－6－2　三角波发生器波形输出图

3.7　*RC* 串并联电路的电压传输频率特性仿真

1．实验任务及要求

（1）掌握 VAC 信号电源的使用。

（2）熟练掌握 AC SWEEP 的分析方法。

（3）分析和研究 *RC* 串并联电路的电压传输频率特性。

2．实验电路图和仿真步骤

电路图如图 3－7－1 所示。

实验步骤：

（1）启动 OrCAD 软件，进入 Capture CIS 的主窗口。

（2）调出电路图中所需元件，将其拖动到电路工作区的适当位置，按图连线。

（3）对各元件参数进行设置、存盘。

（4）点击 New Simulation Profile 命令，设置仿真参数，运行仿真，观察、分析得到的波形。

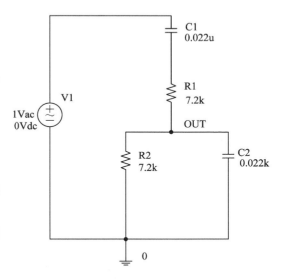

图 3－7－1　*RC* 串并联电路

3. 仿真结果

RC 串并联电路的幅频和相频特性分别如图 3-7-2、图 3-7-3 所示。

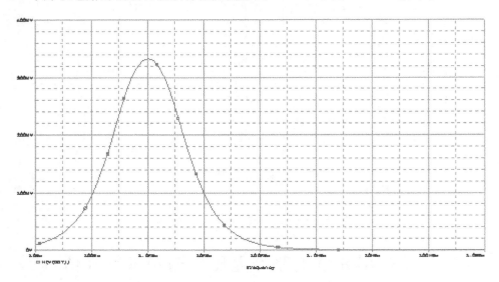

图 3-7-2　RC 串并联电路的幅频特性

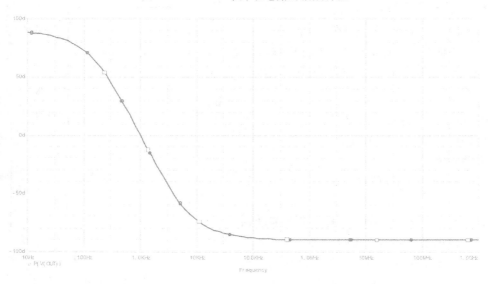

图 3-7-3　RC 串并联电路的相频特性

3.8　正弦波发生器仿真

1.　实验任务及要求

（1）掌握正弦波发生器电路的参数设计方法。

（2）分析 RC 串并联选频网络及幅频特性。

（3）将实验电路中 R6 的阻值设置为"变化参数"，用参数扫描分析的方法观察其输出波形的变化。

2.　实验电路图和仿真步骤

电路图如图 3－8－1 所示。

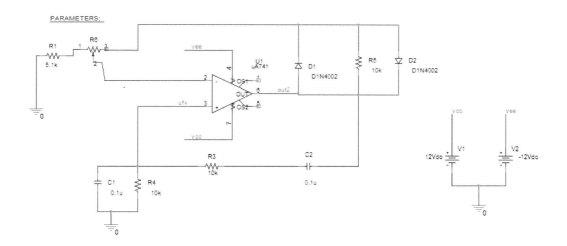

图 3－8－1　正弦波发生器电路

实验步骤：

（1）启动 OrCAD 软件，进入 Capture CIS 的主窗口。

（2）调出电路图中所需元件，将其拖动到电路工作区的适当位置，按图连线。

（3）对各元件参数进行设置，将滑动变阻器 R6 的 set 设为可变参数并存盘。

（4）点击 New Simulation Profile，设置仿真参数，运行仿真，观察、分析得到的波形。

3.　仿真结果

图 3－8－2 为正弦波电路中 out2 处的输出波形。

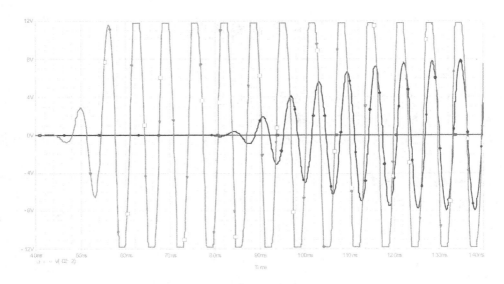

图 3-8-2　正弦波发生器输出波形

3.9　方波发生器仿真

1. 实验任务及要求

（1）掌握方波发生器电路的参数设计方法。

（2）将图 3-9-1 中 R1 的阻值设置为"变化参数"，用参数扫描分析的方法观察其输出波形的变化。

（3）设计一个占空比 $T1/T2 = 20\% \sim 80\%$ 连续可调的矩形波发生器。（可通过改变图 3-9-2 中 R2 的比值实现。）

① R2 的符号名称是 POT，在 breakout 库中选取。

② 电路中电容 C1 的初始状态设置为 0（即 IC＝0）。

2. 实验电路图和仿真步骤

（1）实验电路图（一）如图 3-9-1 所示，R1 为可变参数。

实验步骤：

① 启动 OrCAD 软件，进入 Capture CIS 的主窗口。

② 调出电路图中所需元件，将其拖动到电路工作区的适当位置，按图连线。

③ 对各元件参数进行设置，将 R1 阻值设为可变参数并存盘。

④ 点击 New Simulation Profile 命令，设置仿真参数，运行仿真，观察、分析得到的波形。

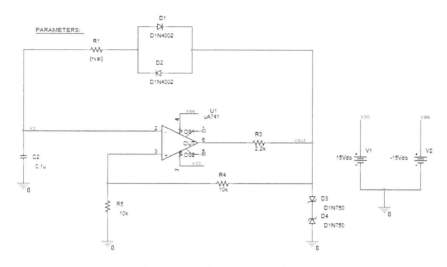

图 3-9-1　方波发生器电路(一)

（2）实验电路图（二）如图 3-9-2 所示，R2 为滑动变阻器。

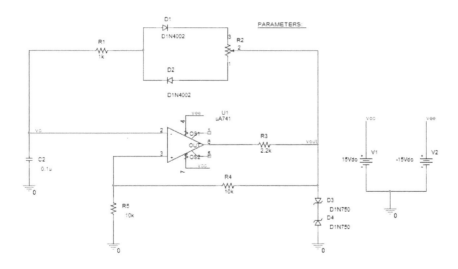

图 3-9-2　方波发生器电路(二)

实验步骤：

① 启动 OrCAD 软件，进入 Capture CIS 的主窗口。

② 调出电路图中所需元件，将其拖动到电路工作区的适当位置，按图连线。

③ 对各元件参数进行设置，R2 为可变滑动变阻器，将其 set 参数设为参数扫描后，存盘。

④ 点击 New Simulation Profile 命令，设置仿真参数，运行仿真，观察、分析得到的波形。

3. 仿真结果

（1）实验电路图（一）中设置 R1 为参数，进行参数扫描得到的 VC 和 VOUT 的波形如图 3-9-3 所示，可以看到周期性的变化规律。

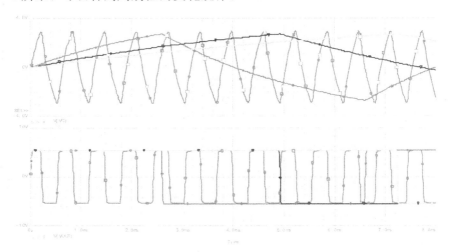

图 3-9-3　方波发生器电路（一）波形

（2）实验电路图（二）中将可变滑动变阻器 R2 的 set 参数设为可变参数时的电路输出波形如图 3-9-4 所示，可以看到其占空比的变化规律。

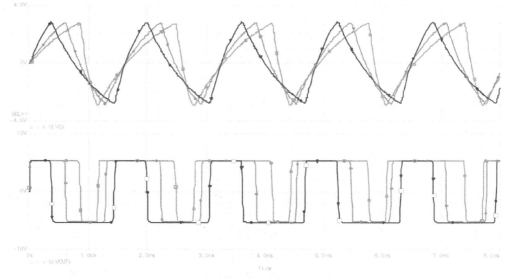

图 3-9-4　方波发生器电路（二）波形

3.10 二阶低通有源滤波器仿真

1. 实验任务及要求

（1）掌握滤波电路的设计方法。

（2）观察该电路的幅频响应特性。

2. 实验电路图和仿真步骤

电路图如图 3－10－1 所示。

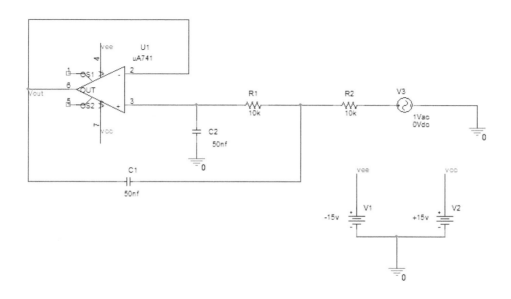

图 3－10－1 二阶低通有源滤波器

实验步骤：

（1）启动 OrCAD 软件，进入 Capture CIS 的主窗口。

（2）调出电路图中所需元件，将其拖动到电路工作区的适当位置，按图连线。

（3）对各元件参数进行设置、存盘。

（4）点击 New Simulation Profile 命令，设置仿真参数，运行仿真，观察、分析得到的波形。

3. 仿真结果

将二阶低通有源滤波器运行仿真后，VOUT 的输出波形如图 3－10－2 所示。

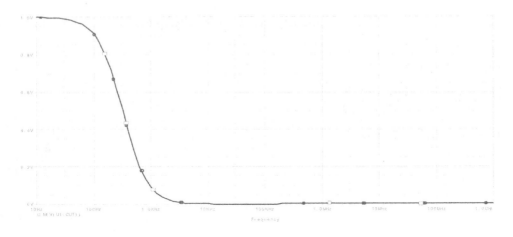

图 3-10-2　二阶低通有源滤波器输出波形

3.11　功率放大电路仿真

1. 实验任务及要求

（1）设计一个乙类互补对称功率放大电路，参考电路如图 3-11-1 所示，用 OrCAD 仿真，观测输出电压波形的交越失真，求出失真发生的范围。

（2）为减小和克服交越失真，在 Q1、Q2 两基极间加上两只二极管及相应电路，构成甲乙类互补对称功率放大电路，参考电路如图 3-11-2 所示，观测输出电压波形的交越失真是否消除，并求最大输出电压范围。

（3）完成电子文档形式的报告。（报告中要计算出该电路的输出功率 P_0 和效率 η。）

2. 实验电路图和仿真步骤

乙类互补对称功率放大电路和甲乙类互补对称功率放大电路的参考电路分别示于图 3-11-1 和图 3-11-2。

实验步骤：

（1）启动 OrCAD 软件，进入 Capture CIS 的主窗口。

（2）调出电路图中所需元件，将其拖动到电路工作区的适当位置，按图连线。

（3）对各元件参数进行设置、存盘。

（4）点击 New Simulation Profile 命令，设置仿真参数，运行仿真，观察、分析得到的波形。

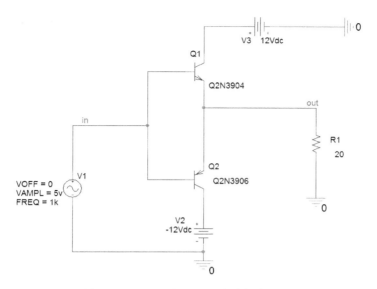

图 3-11-1　乙类互补对称功率放大电路

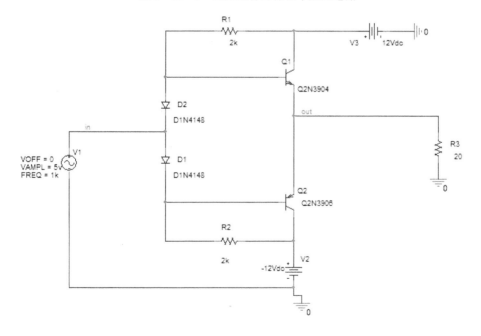

图 3-11-2　甲乙类互补对称功率放大电路

3. 仿真结果

（1）乙类互补对称功率放大电路仿真的输入、输出电压波形如图 3-11-3 所示。由图可见，输出波形出现了交越失真。

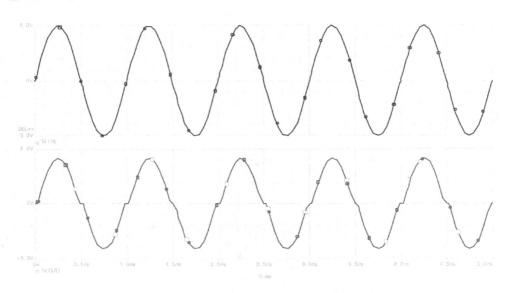

图 3-11-3　乙类互补对称功率放大电路仿真波形

在仿真参数设定中将仿真类型设置为 DC SWEEP，可观察失真发生的范围。如图 3-11-4 所示，输出电压在 -1 V～1 V 范围内出现失真。

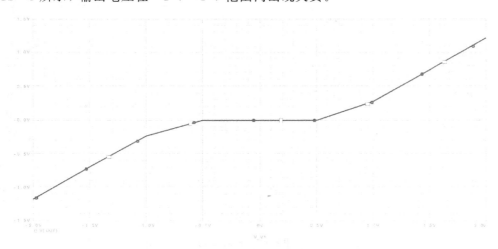

图 3-11-4　乙类互补对称功率放大电路输出失真范围

（2）甲乙类互补对称功率放大电路仿真的输入、输出电压波形 Vin 和 Vout 如图 3－11－5 所示。由图可见，输出电压波形的交越失真已消除。

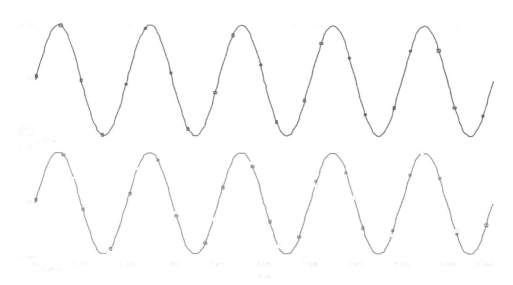

图 3－11－5　甲乙类互补对称功率放大电路仿真波形

在仿真参数设定中将仿真类型设置为 DC SWEEP，可观察到电路失真发生的范围。如图 3－11－6 所示，交越失真已消除，电路最大输出电压范围为－4 V ～4 V。

图 3－11－6　甲乙类互补对称功率放大电路输出失真范围

附　　录

附录 A　DG1022 型双通道函数/任意波形发生器的使用

1. DG1022 的前面板

DG1022 具有简单而功能明晰的前面板，如图 A-1 所示。前面板上包括各种功能按键、旋钮及菜单软键，用户通过这些按钮可以进入不同的功能菜单或直接获得特定的功能应用。

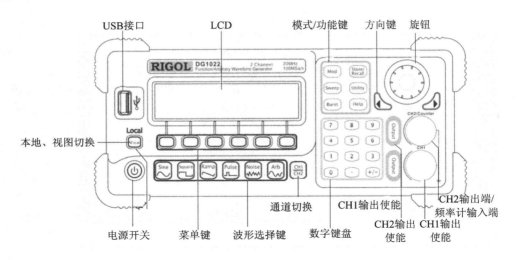

图 A-1　DG1022 型双通道函数/任意波形发生器前面板

2. DG1022 的用户界面

DG1022 双通道函数/任意波形发生器提供了三种界面显示模式：单通道常规模式、单通道图形模式及双通道常规模式（分别见图 A-2、图 A-3、图 A-4）。这三种显示模式可通过前面板左侧的 View 按键切换。用户可通过 CH1/CH2 来切换活动通道，以便于设定各通道的参数及观察、比较波形。

图 A-2　单通道常规显示模式

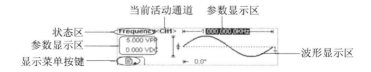

图 A-3　单通道图形显示模式

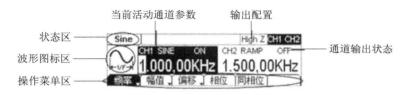

图 A-4　双通道常规显示模式

3. DG1022 的波形设置

如图 A-5 所示，在操作面板左侧下方有一系列带有波形显示的按键，它们分别是：正弦波、方波、锯齿波、脉冲波、噪声波、任意波，此外还有两个常用按键：通道选择和视图切换键。下面针对正弦波、方波、锯齿波、脉冲波、噪声波的波形选择进行说明，显示模式均在常规显示模式下进行。

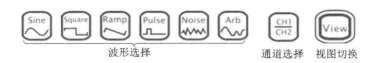

图 A-5　按键选择

（1）使用"Sine"按键，波形图标变为正弦信号，并在状态区左侧出现"Sine"字样。DG1022 可输出频率从 $1\mu Hz$ 到 20MHz 的正弦波形。通过设置频率/周期、幅值/高电平、偏移/低电平、相位，可以得到不同参数值的正弦波。

图 A-6 所示正弦波使用系统默认参数：频率为 1kHz，幅值为 5.0 V（峰-峰值），偏移量为 0VDC，初始相位为 0°。

图 A-6　正弦波常规显示界面

（2）使用"Square"按键，波形图标变为方波信号，并在状态区左侧出现"Square"字样。DG1022 可输出频率从 1 μHz 到 5 MHz 并具有可变占空比的方波。通过设置频率/周期、幅值/高电平、偏移/低电平、占空比、相位，可以得到不同参数值的方波。

图 A-7 所示方波使用系统默认参数：频率为 1kHz，幅值为 5.0 V（峰-峰值），偏移量为 0VDC，占空比为 50%，初始相位为 0°。

图 A-7　方波常规显示界面

（3）使用"Ramp"按键，波形图标变为锯齿波信号，并在状态区左侧出现"Ramp"字样。DG1022 可输出频率从 1 μHz 到 150 kHz 并具有可变对称性的锯齿波波形（当对称性为 50% 时输出的为三角波）。通过设置频率/周期、幅值/高电平、偏移/低电平、对称性、相位，可以得到不同参数值的锯齿波。

图 A-8 所示锯齿波使用系统默认参数：频率为 1 kHz，幅值为 5.0 V（峰-峰值），偏移量为 0VDC，对称性为 50%，初始相位为 0°。

图 A-8　锯齿波常规显示界面

（4）使用"Pulse"按键，波形图标变为脉冲波信号，并在状态区左侧出现"Pulse"字样。DG1022 可输出频率从 500 μHz 到 3 MHz 并具有可变脉冲宽度的脉冲波形。通过设置频率/周期、幅值/高电平、偏移/低电平、脉宽/占空比、延时，可以得到不同参数值的脉冲波。

图 A-9 所示脉冲波形使用系统默认参数：频率为 1 kHz，幅值为 5.0 V（峰-峰值），偏移量为 0VDC，脉宽为 500 μs，占空比为 50%，延时为 0s。

图 A-9　脉冲波常规显示界面

（5）使用"Noise"按键，波形图标变为噪声信号，并在状态区左侧出现"Noise"字样。DG1022 可输出带宽为 5 MHz 的噪声。通过设置幅值/高电平、偏移/低电平，可以得到不同参数值的噪声信号。图 A-10 所示波形为系统默认的信号参数：幅值为 5.0 V（峰-峰值），偏移量为 0VDC。

图 A-10　噪声波常规显示界面

（6）使用 CH1/CH2 键切换通道，对当前选中的通道可以进行参数设置。在常规和图形模式下均可以进行通道切换，以便用户观察和比较两通道中的波形。

4．DG1022 的输出设置

如图 A-11 所示，在前面板右侧有两个按键，用于通道输出、频率计输入的控制。

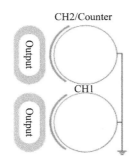

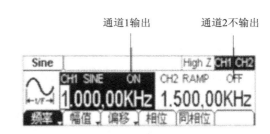

图 A-11　通道输出、频率计输入　　　　图 A-12　通道输出控制

（1）使用"Output"按键，启用或禁用前面板的输出连接器输出信号。如图 A-12 所示，已按下"Output"键的通道显示"ON"且 Output 点亮。

（2）在频率计模式下，CH2 对应的 Output 连接器作为频率计的信号输入端，CH2 自动关闭，禁用输出。

5. DG1022 的调制/扫描/脉冲串设置

图 A－13 调制/扫描/脉冲串按键

如图 A－13 所示，在前面板右侧上方有三个按键，分别用于调制、扫描及脉冲串的设置。在 DG1022 信号发生器中，这三个功能只适用于通道 1。

（1）使用"Mod"按键，可输出经过调制的波形，并可以通过改变类型、内调制/外调制、深度、频率、调制波等参数来改变输出波形，如图 A－14 所示。

图 A－14 调制波形常规显示界面

DG1022 可使用 AM、FM、FSK 或 PM 调制波形，可调制正弦波、方波、锯齿波或任意波形（不能调制脉冲、噪声和 DC）。

（2）使用"Sweep"按键，对正弦波、方波、锯齿波或任意波形产生扫描（不允许扫描脉冲、噪声和 DC）。在扫描模式中，DG1022 在指定的扫描时间内从开始频率到终止频率变化输出，如图 A－15 所示。

图 A－15 扫描波形常规显示界面

（3）使用"Burst"按键，可以产生正弦波、方波、锯齿波、脉冲波或任意波形的脉冲串波形输出，噪声只能用于门控脉冲串，如图 A－16 所示。

图 A－16 脉冲波形常规显示界面

6. DG1022 的数字输入设置

如图 A－17 所示，在前面板上有两组按键，分别是左右方向键和旋钮以及数字键盘。

（1）使用左右方向键，可对数值的不同数位进行切换；使用旋钮，可改变波形参数的

左右方向键和旋钮　　　　　　　　数字键盘

图 A－17　前面板数字输入

某一数位值的大小。旋钮的输入范围是 0～9，旋钮顺时针旋一格，数值增 1。

（2）使用数字键盘，可对波形参数值进行设置，直接改变参数值的大小。

7. 基本波形参数设置

1）设置正弦波

使用"Sine"按键，常规显示模式下，在屏幕下方显示正弦波的操作菜单，在屏幕左上角显示当前波形名称。通过使用正弦波的操作菜单，对正弦波的输出波形参数进行设置。

设置正弦波的参数主要包括：频率/周期、幅值/高电平、偏移/低电平、相位。通过改变这些参数，可以得到不同的正弦波。参数设置界面如图 A－18 所示。

输出波形　　操作菜单：通过软键控制使用　　当前参数

图 A－18　正弦波参数值设置显示界面

（1）设置输出频率/周期。

① 按"Sine"→频率/周期→频率，设置频率参数值。屏幕中显示的频率为上电时的默认值，或者是预先选定的频率。在更改参数时，如果当前频率值对于新波形是有效的，则继续使用当前值。若要设置波形周期，则再次按"频率/周期"软键，可以切换到"周期"软键（当前选项为反色显示）。

② 输入所需的频率值。使用数字键盘直接输入所选参数值，然后选择频率所需单位，按下对应于所需单位的软键，操作界面如图 A－19 所示。也可以使用左右键选择需要修改的参数值的数位，使用旋钮改变该数位值的大小。

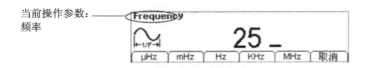

当前操作参数：
频率

图 A-19　设置频率的参数值

提示说明：

· 当使用数字键盘输入数值时，使用方向键的左键可以退位，删除前一位的输入，修改输入的数值。

· 当使用旋钮输入数值时，使用方向键选择需要修改的位数，使其反色显示，然后转动旋钮，修改此位数字，获得所需要的数值。

（2）设置输出幅值。

① 按"Sine"→幅值/高电平→幅值，设置幅值参数值。屏幕显示的幅值为上电时的默认值，或者是预先选定的幅值。在更改参数时，如果当前幅值对于新波形是有效的，则继续使用当前值。若要使用高电平和低电平设置幅值，需再次按"幅值/高电平"或者"偏移/低电平"软键，以切换到"高电平"和"低电平"软键（当前选项为反色显示）。

② 输入所需的幅值。使用数字键盘或旋钮输入所选参数值，然后选择幅值所需单位，按下对应于所需单位的软键，操作界面如图 A-20 所示。

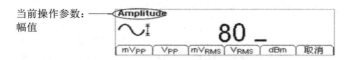

当前操作参数：
幅值

图 A-20　设置幅值的参数值

（3）设置偏移电压。

① 按"Sine"→偏移/低电平→偏移，设置偏移电压参数值。屏幕显示的偏移电压为上电时的默认值，或者是预先选定的偏移量。在更改参数时，如果当前偏移量对于新波形是有效的，则继续使用当前偏移值。

② 输入所需的偏移电压。使用数字键盘或旋钮输入所选参数值，然后选择偏移量所需单位，按下对应于所需单位的软键，操作界面如图 A-21 所示。

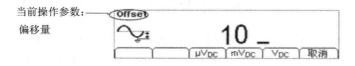

当前操作参数：
偏移量

图 A-21　设置偏移量的参数值

（4）设置起始相位。

① 按"Sine"→相位，设置起始相位参数值。屏幕显示的初始相位为上电时的默认值，或者是预先选定的相位。在更改参数时，如果当前相位对于新波形是有效的，则继续使用当前偏移值。

② 输入所需的相位。使用数字键盘或旋钮输入所选参数值，然后选择单位，操作界面如图 A - 22 所示。

图 A - 22　设置相位参数值

此时按"View"键可切换至图形显示模式，查看波形参数，如图 A - 23 所示。

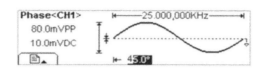

图 A - 23　图形显示模式下的波形参数

2）设置方波

使用"Square"按键，常规显示模式下，在屏幕下方显示方波的操作菜单。通过使用方波的操作菜单，对方波的输出波形参数进行设置。

设置方波的参数主要包括：频率/周期、幅值/高电平、偏移/低电平、占空比、相位。通过改变这些参数，可以得到不同的方波。参数设置界面如图 A - 24 所示。

图 A - 24　方波参数值设置显示界面

这里主要介绍参数"占空比"的设置，其他设置项与正弦波相同。

（1）按"Square"→占空比，设置占空比参数值。屏幕中显示的占空比为上电时的默认值，或者是预先选定的数值。在更改参数时，如果当前值对于新波形是有效的，则使用当前值。

（2）输入所需的占空比。使用数字键盘或旋钮输入所选参数值，然后选择占空比所需单位，按下对应于所需单位的软键，信号发生器立即调整占空比，并以指定的值输出方波，操作界面如图 A-25 所示。

当前操作参数：
占空比

图 A-25　设置占空比参数值

此时按"View"键可切换至图形显示模式，查看波形参数。

附录 B　DS1000 系列双踪数字示波器的使用简介

1. DS1000 系列双踪示波器的前面板

DS1000 系列示波器向用户提供简单而功能明晰的前面板，如图 B-1 所示。面板上包括旋钮和功能按键。旋钮的功能与其他示波器类似。显示屏右侧的一列 5 个灰色按键为菜单操作键。通过它们，可以设置当前菜单的不同选项。其他按键为功能键，通过它们，可以进入不同的功能菜单或直接获得特定的功能应用。DS1000 系列示波器的波形显示界面如图 B-2 和图 B-3 所示。

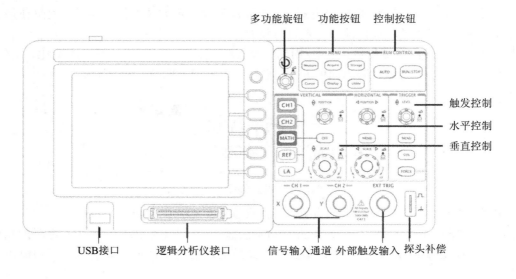

图 B-1　DS1000 系列双踪示波器操作面板图

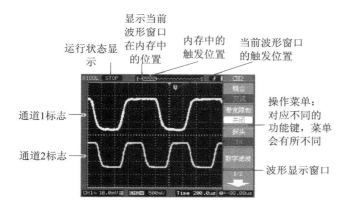

图 B-2　波形显示界面(仅模拟通道打开)

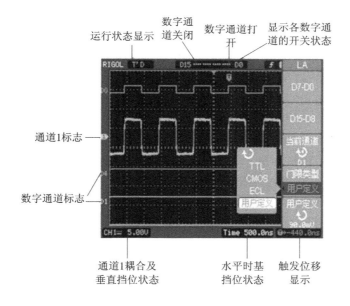

图 B-3　波形显示界面(模拟和数字通道同时打开)

2. 示波器使用说明

1) 波形显示的自动设置

DS1000 系列数字示波器具有自动设置的功能,根据输入的信号,可自动调整电压倍率、时基以及触发方式至最好形态显示。应用自动设置要求被测信号的频率大于或等于

50 Hz，占空比大于 1%，其方法如下：

（1）将被测信号连接到信号输入通道。

（2）按下"AUTO"按钮，示波器将自动设置垂直、水平和触发控制。如需要，可手工调整这些控制使波形显示达到最佳。

2）垂直系统的设置

如图 B-4 所示，在示波器垂直控制区（VERTICAL）有一系列的按键、旋钮用于对示波器垂直方向的参数进行设置。

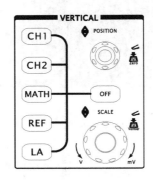

图 B-4　垂直系统操作面板

（1）旋转垂直 POSITION 旋钮，可以调节信号的垂直显示位置。当旋转垂直 POSITION 旋钮时，指示通道地（GROUND）的标识跟随波形而上下移动，通过调节该旋钮可以使波形信号在波形窗口居中的位置显示。

（2）按下垂直 POSITION 旋钮可以将模拟通道垂直位置恢复到零点。

（3）旋转垂直 SCALE 旋钮，可以改变垂直挡位，即"Volt/div（伏/格）"。垂直挡位的变化情况显示在波形窗口下方的状态栏中。

（4）垂直 SCALE 旋钮可作为设置输入通道的粗调/微调状态的快捷键。

（5）按 CH1 、 CH2 、 MATH 、 REF 、 LA （混合信号示波器）键，屏幕显示对应通道的操作菜单、标志、波形和挡位状态信息。按 OFF 按键关闭当前选择的通道。

◇ 测量技巧：

（1）如果通道耦合方式为 DC，可以通过观察波形与信号地之间的差距来快速测量信号的直流分量。

（2）如果通道耦合方式为 AC，信号里面的直流分量被滤除。这种方式可以用更高的灵敏度显示信号的交流分量。

（3）如果通道耦合方式为接地，用示波器将观测不到来自通道的信号。

（4）耦合方式的设定可以通过打开测量通道的菜单（如图 B-5 所示），选择"耦合"菜单操作键进行设置。

3）水平系统的设置

如图 B-6 所示，在水平控制区（HORIZONTAL）有一个按键、两个旋钮，可以通过该控制区域对水平系统进行设置。

（1）旋转水平 POSITION 旋钮，可以调整信号在波形窗口的水平位置。通过水平 POSITION 旋钮可以控制信号的触发位移。当应用于触发位移时，旋转水平 POSITION 旋钮，可以观察到波形随旋钮而水平移动。

（2）按下水平 POSITION 旋钮可以使触发位移（或延迟扫描位移）恢复到水平零点处。

（3）旋转水平 SCALE 旋钮，可以改变水平挡位，即"s/div（秒/格）"。水平挡位的变化情况显示在波形窗口下方的状态栏中。水平扫描速度从 5 ns 至 50 s，以 1-2-5 的形式步进。

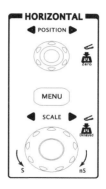

图 B-5　通道操作菜单　　　　　　图 B-6　水平系统操作面板

（4）按下水平 SCALE 旋钮可以切换到延迟扫描状态。

（5）按下"MENU"按钮，显示 TIME 菜单。在此菜单下，可以开启/关闭延迟扫描或切换 Y-T、X-Y 和 ROLL 模式，还可以设置水平触发位移复位。

◇ 名词解释：

触发位移：指实际触发点相对于波形存储内存中间位置的距离。转动水平 POSITION 旋钮，可水平移动触发点。

4）触发系统的设置

如图 B-7 所示，在触发控制区（TRIGGER）有一个旋钮、三个按键，可以对示波器的触发系统进行设置。

（1）旋转 LEVEL 旋钮，可以改变触发电平设置。旋转 LEVEL 旋钮，可以发现屏幕上出现一条桔红色（单色液晶系列为黑色）的触发线以及触发标志，随旋钮转动而上下移动。停止转动旋钮，此触发线和触发标志会在约 5 秒后消失。在移动触发线的同时，可以观察到在屏幕上触发电平的数值发生了变化。

图 B-7　触发系统操作面板　　　　　　　　图 B-8　触发菜单操作

（2）按 LEVEL 旋钮可以使触发电平恢复到零点。

（3）使用"MENU"按键调出触发操作菜单（如图 B-8 所示），可以改变触发设置。

· 按 1 号"触发模式"菜单操作键，可对"触发模式"进行设置。

· 按 2 号"信源选择"菜单操作键，可对触发源进行设置。

· 按 3 号"边沿类型"菜单操作键，可设置触发的边沿类型。

· 按 4 号"触发方式"菜单操作键，可设置触发方式。

· 按 5 号"触发设置"菜单操作键，可进入"触发设置"二级菜单，对触发的耦合方式，触发灵敏度和触发释抑时间进行设置。

注：改变前三项的设置会导致屏幕右上角状态栏的变化。

（4）按"50％"按钮，设定触发电平在触发信号幅值的垂直中点。

（5）按"FORCE"按钮：强制产生一触发信号，主要应用于触发方式中的"普通"和"单次"模式。

5）测量功能

如图 B-9 所示，在 MENU 控制区，"Measure"和"Cursor"为示波器的测量功能按键。"Measure"提供了电压、时间参数的自动测量功能，"Cursor"用于光标测量。

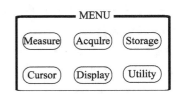

（1）"Measure"功能菜单操作。按下"Measure"菜单功能键，可以打开"Measure"菜单，如图 B-10 所示，通过菜单操作按键可以选择需要测试的信源、测定的参数等。测量值在波形显示区的

图 B-9　功能菜单操作系统

下方显示出来。图 B-10 中显示的测量数据为全部测量参数。

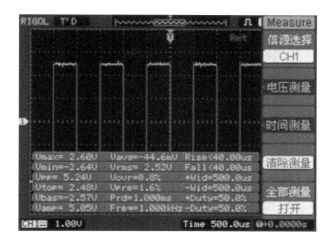

图 B-10 Measure 菜单操作界面

（2）"Cursor"功能菜单操作。光标模式允许用户通过移动光标进行测量。光标测量分为三种模式：

① 手动方式：光标以 X 或 Y 方式成对出现，并可手动调整光标的间距。显示的读数即为测量的电压或时间值。当使用光标时，需首先将信号源设定成需要测量的波形。

② 追踪方式：水平与垂直光标交叉构成十字光标。十字光标自动定位在波形上，通过旋动多功能旋钮（🔄）可以调整十字光标在波形上的水平位置。示波器同时显示光标点的坐标。

③ 自动测量方式：通过此设定，在自动测量模式下，系统会显示对应的电压或时间光标，以揭示测量的物理意义。系统根据信号的变化，自动调整光标位置，并计算相应的参数值。（注意：此种方式在未选择任何自动测量参数时无效。）

6）菜单操作说明

下面以将 CH1 通道的耦合方式设定为"直流"的操作过程为例，介绍示波器的菜单操作方法。

操作步骤如下：

（1）按下 CH1 按键，在波形显示区右侧可以看到 CH1 通道的操作菜单"CH1"。

（2）按下 CH1 菜单右边的 1 号"耦合"菜单操作按键，可以看到"耦合"菜单的子菜单选项，其中包含了直流（DC）、交流（AC）与接地（GND）三个选项。

（3）旋动多功能旋钮（🔄），使光标移动到"直流"子菜单选项上。

（4）按下多功能旋钮（🔄），即可完成对"直流"耦合方式的设定。

7）读数

以图 B-11 为例，介绍示波器的读数方法。

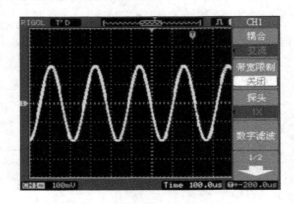

图 B-11 示波器的读数示例

（1）电压。由图 B-11 可得波形在垂直方向占 4.0 格（大格），当前电压挡位为 100 mV，所以得到波形峰峰值为 4.0×100 mV＝400 mV。

（2）周期。由图 B-11 可得波形在水平方向一个周期占 2.1 格（大格），当前周期挡位为 100 μs，所以得到的波形周期为 2.1×100 μs＝210 μs。

附录 C YB2173F 双路智能数字交流毫伏表的使用

1．使用特性

YB2173F 双路智能数字交流毫伏表具有以下特性：

（1）可测正弦波、方波、三角波、锯齿波、脉冲波等不规则的任意波信号幅度。

（2）具有双通道、双数显和开关切换显示有效值或分贝值功能。

（3）具有共地/浮置功能，确保在不同电压参考点时安全、准确地测量。

（4）测量电压范围：300 μV～300 V，－70 dB～＋50 dB。

（5）测量电压的频率范围：10 Hz～2 MHz。

（6）基准条件下电压的固有误差：（以 1 kHz 为基准）±1.5％±3 个字。

2．前面板操作键作用说明

YB2173F 双路智能数字交流毫伏表的前面板如图 C-1 所示。

（1）电源开关。电源开关按键弹出即为"OFF"位置，将电源线接入，按电源开关以接通电源。

（2）通道 1（CH1）电压/分贝显示窗口。LCD 数字面板表显示通道 1（CH1）输入信号的

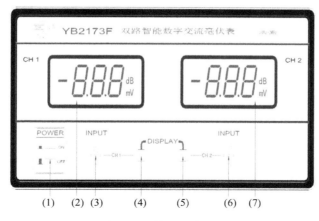

图 C-1 前面板结构图

电压值或分贝值。

(3) 通道1(CH1)输入插座。通道1的输入信号由此端口输入。

(4) 通道1(CH1)V/dB转换开关。此开关弹出时，CH1的LCD数字面板表显示电压有效值。按下此开关，显示测量信号的分贝值。

(5) 通道2(CH2)V/dB转换开关。此开关弹出时，CH2的LCD数字面板表显示电压有效值。按下此开关，显示测量信号的分贝值。

(6) 通道2(CH2)输入插座。通道2的输入信号由此端口输入。

(7) 通道2(CH2)电压/分贝显示窗口。LCD数字面板表显示通道2(CH2)输入信号的电压值或分贝值。

3. 后面板操作键作用说明

YB2173F双路智能数字交流毫伏表的后面板如图C-2所示。

(1) 共地/浮置操作开关。此开关拨向下方，CH1和CH2共地；此开关拨向上方，CH1和CH2不共地，为浮置状态。

(2) 通道1(CH1)输出端口。通道1的输出信号由此端口输出。

(3) 通道2(CH2)输出端口。通道2的输出信号由此端口输出。

(4) 电源插座。交流电源220 V输入插座。

4. 基本操作方法

(1) 打开电源开关前，首先检查输入的电源电压，然后将电源线插入后面板上的交流插孔中。

(2) 电源线接入后，按电源开关以接通电源，并预热5分钟。

(3) 将输入信号由输入端口送入交流毫伏表即可。

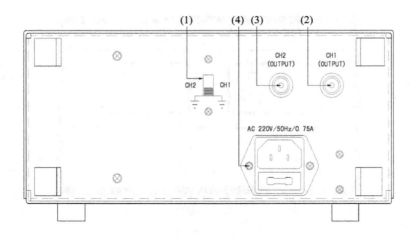

图 C-2　后面板结构图

参 考 文 献

[1] 孙肖子. 模拟电子电路及技术基础. 2 版. 西安：西安电子科技大学出版社，2007.

[2] 康华光. 电子技术基础：模拟部分. 5 版. 北京：高等教育出版社，2006.

[3] 李芮，等. 模拟电子线路实验教程. 西安：西安交通大学出版社，2010.

[4] 童诗白. 模拟电子技术基础. 3 版. 北京：高等教育出版社，2001.

[5] 周树南，等. 电路与电子学基础. 北京：科学出版社，2010.

[6] 王远. 模拟电子技术. 北京：机械工业出版社，1993.

[7] 周良权. 模拟电子技术基础. 北京：高等教育出版社，1993.

[8] 谭海曙. 模拟电子技术实验教程. 北京：北京大学出版社，2008.

[9] 陈立万，等. 模拟电子技术基础实验及课程设计. 成都：西南交通大学出版社，2008.

[10] 李长俊. 模拟电子技术：学习指导、实验与实训教程. 北京：科学出版社，2011.

[11] 陈汝全. 电子技术常用器件应用手册. 北京：机械工业出版社，2001.

[12] 秦曾煌. 电工学(下册)：电子技术. 7 版. 北京：高等教育出版社，2009.

[13] 曾浩. 电子电路实验教程. 北京：人民邮电出版社，2008.

[14] 忻尚芝，孙浩，等. 电工与电子技术实验及实践. 上海：上海科学技术出版社，2011.

[15] 周淑阁. 模拟电子技术实验教程. 南京：东南大学出版社，2008.

[16] 郭宏. 电子技术实践教程. 哈尔滨：哈尔滨工程大学出版社，2010.

[17] 王振红. 电子技术基础实验及综合设计. 北京：机械工业出版社，2007.

[18] 贾新章，武岳山. 电子电路 CAD 技术：基于 OrCAD 9.2. 西安：西安电子科技大学出版社，2002.

[19] 孔有林. 集成运算放大器及其应用. 北京：人民邮电出版社，1988.

[20] 魏雄. OrCAD 电路原理图设计与应用. 北京：机械工业出版社，2008.